"十三五"高等职业教育规划教材

HTML5 商业网站 设计与制作

U0310431

周庞荣　顾　挺◎主编

刘　军◎主审

中国铁道出版社有限公司

CHINA RAILWAY PUBLISHING HOUSE CO., LTD.

内 容 简 介

　　本书以"项目导向、任务驱动"的编写模式组织教学内容。在整本书中,设计了"蓝梦音乐网"和"时空电影网"两个项目,其中"蓝梦音乐网"项目用于教师引导训练,设计了初识网页,使用网页标签,使用表格、表单,使用 CSS 美化网页,使用 DIV+CSS 进行页面设计,使用网页定位与 JavaScript 特效,移动端网页制作和使用框架 8 个单元,每个单元设计若干个引导训练,把课程的知识点和技能点都融在引导训练的实现中;"时空电影网"项目用于学生独立训练,让学生巩固所学知识和技能。

　　本书结构新颖,层次分明,内容丰富,按照知识逻辑和认知规律合理安排教学单元,充分考虑了高职高专学生的特点,问题牵引,讲练结合,让读者在轻松的氛围中掌握网站前端开发的知识、技巧和方法。

　　本书适合作为高职高专院校学生学习 HTML5 网页制作的教材,也可作为 HTML5 网页制作自学人员的参考书。

图书在版编目（CIP）数据

HTML5 商业网站设计与制作/周庞荣,顾挺主编 . —北京:
中国铁道出版社有限公司, 2020.8（2025.6 重印）
"十三五"高等职业教育规划教材
ISBN 978-7-113-27142-8

Ⅰ. ①H… Ⅱ. ①周…②顾… Ⅲ. ①超文本标记语言－程序
设计－高等学校－教材 Ⅳ. ①TP312.8

中国版本图书馆 CIP 数据核字(2020)第145824 号

书　　名:HTML 5 商业网站设计与制作
作　　者:周庞荣 顾 挺

策　　划:翟玉峰　　　　　　　　　　　编辑部电话:(010) 63549458
责任编辑:祁 云 包 宁
封面设计:高博越
责任校对:绳 超
责任印制:赵星辰

出版发行:中国铁道出版社有限公司（100054,北京市西城区右安门西街 8 号）
网　　址:https://www.tdpress.com/51eds
印　　刷:三河市国英印务有限公司
版　　次:2020 年 8 月第 1 版　2025 年 6 月第 5 次印刷
开　　本:787mm×1092mm 1/16　印张:11.75　字数:284 千
书　　号:ISBN 978-7-113-27142-8
定　　价:46.00 元

　　HTML 5 是互联网的下一代标准，是构建以及呈现互联网内容的一种语言，它被认为是互联网的核心技术之一。所以，目前 HTML 5 的应用飞速发展，使用十分广泛，是开发 Web 前端的基础。

　　本书围绕 Web 开发职业岗位能力进行设计，按照岗位要求罗列知识点和技能点。按照"项目导向、任务驱动"模式组织内容，依据学生认知规律将每个项目分解成若干任务，每个任务为一个网页，把学生需要掌握的知识点和技能点融合在任务的实现中。

　　本书具有如下特点：

　　1. 面向应用，贴近实际。本书在整体设计上，按照商业网站的需求选取教学项目，设计教学任务；在网页设计开发技术上，选择 DIV+CSS 技术进行页面设计，实现结构和表现分离，按照网页设计主流模式进行设计；在网页运行设备上，既介绍了 PC 端网页制作，又介绍了移动端网页制作。

　　2. 项目导向，任务驱动。学习本书的目的是引导学生独立开发一个静态的商业网站。为达到该目的，编者设计了一个引导训练项目——蓝梦音乐网，围绕该项目，设计了一系列任务，将所需的知识点和技能点融合在任务中。设计了一个独立训练项目——时空电影网，在学完引导训练任务的基础上，独立完成一个类似任务，巩固课堂所学。

　　3. 层层递进，增量编码。在整本书的设计上，按照知识逻辑和认知规律设计了 8 个单元，每个单元都设计了一至两个任务，完成一至两个网页。在学生最初的学习中，设计出来的网页布局有点混乱、界面有点粗糙，随着知识技能的积累，设计出来的网页布局越来越整洁，界面越来越美观。在每个任务的实现上，按照网页开发逻辑，设计了若干步骤，每一步都要完成一定数量的代码，随着步骤的推进，代码不断增加，直至完成整个任务。随着任务的推进，项目中页面的数目不断增加，直至完成整个项目。

4. 编码规范，习惯良好。编者在任务设计中，注重命名和编码规范，注重学生学习习惯的培养，为学生成为一个合格的网页制作者打下坚实的基础。

5. 立体呈现，多措并举。利用云课堂智慧职教平台，发布本书配套教学课件、微课和学习任务，学生利用这些资源可以自学，也可以预习；利用开发的题库，学生在线测试，可以检测自己的学习效果；利用项目的基础资源和页面效果图，学生独立制作网页，检验自己制作网页的能力。

本书由湖南铁路科技职业技术学院和湖南厚溥科技有限公司合作编写。湖南铁路科技职业技术学院周庞荣、湖南厚溥科技有限公司顾挺任主编，全书由湖南厚溥科技有限公司刘军主审。参与本书编写的人员还有湖南厚溥科技有限公司高子童，长沙商贸旅游职业技术学院肖玉朝，三亚航空旅游职业学院刘夏，张家界航空职业技术学院谢厚亮、曾永和，湖南软件职业学院刘琼，湖南机电职业技术学院李平、宋阳，常德职业技术学院何亚、胡常乐。

由于编者水平有限，加之时间仓促，书中难免有疏漏和不足之处，敬请读者批评指正。

编　者

2020 年 6 月

目 录

初识网页

网页是由文字、图片、动画、声音等多种媒体信息以及超链接构成的超文本。网页文件由万维网传输并经过浏览器解析后呈现在浏览器上，万维网服务是因特网提供的服务之一。

网页是网站的基本信息单位。网站是一个沟通工具，它由众多不同内容的网页构成，人们可以利用它来发布自己想要公开的资讯或者提供相关的网络服务。没有网站，现代人的生活无法想象。

在本单元中，学生通过欣赏"蓝梦音乐网"首页，理解网页的概念和网页的呈现方法；通过制作"蓝梦音乐网"欢迎页面，掌握网页的文档结构和制作方法，然后独立完成"时空电影网"欢迎页面，巩固必备的知识与技能。

教学目标	☑ 了解网页的概念
	☑ 了解万维网的概念
	☑ 了解互联网的概念
	☑ 学会网页的文档结构
	☑ 学会使用 HBuilder 工具制作网页
教学模式	☑ 线上线下混合式教学
	☑ 理实一体教学
教学方法	☑ 示范教学法
	☑ 任务驱动法
课时建议	2 课时

引导训练　制作"蓝梦音乐网"欢迎页面

任务描述

首先欣赏"蓝梦音乐网"首页，如图 1-1 所示。看到这张漂亮的网页，你也许会寻根究底，它是如何制作的？它有什么特殊性？它是如何呈现出来的？

图 1-1 "蓝梦音乐网"首页效果图

欣赏完赏心悦目的"蓝梦音乐网"首页，大家肯定很想把它制作出来，但又觉得无从下手。万丈高楼平地起，要实现"蓝梦音乐网"首页这么复杂的网页，需要夯实专业基础，不断地积累知识。为实现自己的目标，就从制作一张最简单的网页开始吧！制作的网页效果图如图 1-2 所示。

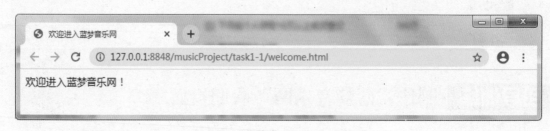

图 1-2 "蓝梦音乐网"欢迎页面

任务分析

通过欣赏"蓝梦音乐网"，可了解网页的概念和网页的呈现方法；通过制作"蓝梦音乐网"欢迎页面，可了解网页的制作方法。根据分析，为完成本任务，需要掌握如下内容：

➤ 网页、网站、万维网、因特网的概念和关系。

➤ HTML。

➤ HTTP。

➤ 浏览器。

➤ HBuilder工具软件。

实施准备

在系统中安装好谷歌浏览器和HBuilder开发工具。

任务实施

1. 认识网页

网页是由文字、图片、动画、声音等多种媒体信息以及超链接构成的超文本。网页文件是由超文本标记语言（HyperText Markup Language，HTML）编写的，能够在万维网上（World Wide Web，WWW或3W）传输并能被浏览器解析和显示的文本文件。网页是网站的基本信息单位。网站是一个沟通工具，它由众多不同内容的网页构成，人们可以利用它来发布自己想要公开的资讯或者提供相关的网络服务。没有网站，现代人的生活无法想象。人们通常把进入网站首先看到的网页称为首页或主页（homepage）。例如，新浪、网易、搜狐就是国内比较知名的大型门户网站。

万维网又称环球信息网，它建立在客户机/服务器模型之上，以超文本标记语言与超文本传输协议（HyperText Transfer Protocol，HTTP）为基础，能够提供面向因特网（Internet）服务的、一致的用户界面的信息浏览系统。

因特网是一组全球信息资源的总汇。它是由许多小的网络（子网）互联而形成的一个逻辑网，每个子网中包含相互连接的若干台计算机（主机）。它是一个信息资源和资源共享的集合。它提供的主要服务有万维网（WWW）、文件传输（FTP）、电子邮件（E-mail）、远程登录（Telnet）等。

网页文件可以存放在世界范围内的任何一台计算机上，为了访问这个文件，万维网提供了统一资源定位符（Uniform Resource Locators，URL）技术，按照统一命名方案访问网页资源。

通过上面的知识介绍，清楚了"蓝梦音乐网"首页是利用HTML制作出来的；它是一个超文本，它是由文字、图片、动画等多种媒体信息以及超链接构成的；网页文件由万维网传输并通过浏览器解析后呈现在浏览器上。"蓝梦音乐网"是一个网站，该网站包含8个网页，网页的结构图如图1-3所示。

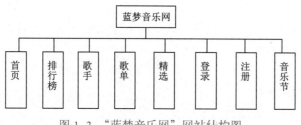

图 1-3 "蓝梦音乐网"网站结构图

2．制作网页

HTML是制作网页的基本语言。每一个HTML文档都是一个静态的网页文件，其中包含了HTML指令代码，但这些代码并没有严格的计算机语言的语法结构，因此HTML只是一种标记符，即HTML文件是由HTML标记符组成的代码集合。

HTML标记符（又称标签）用"<"和">"括起来，其格式为：

```
<标签名  属性1=属性值1  属性2=属性值2…>
```

标签和属性都不区分大小写。

HTML文件的扩展名为.htm或.html，可以使用IE、谷歌、火狐等浏览器打开，由于本书的项目用了HTML5标签和CSS3，建议大家使用谷歌浏览器。

1）认识HTML文档结构

HTML文档包含头部和主体两部分。头部是指HTML代码结构中的代码头部，用<head>标签标识，其包含在head标签内的部分标为HTML头部信息。主体是指HTML代码结构中代码主体，用<body>标签标识。HTML文档结构如图1-4所示。

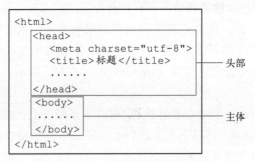

图 1-4 HTML 文档结构图

头部包含HTML元标签（meta）、文档的标题（title）、文档使用的脚本（script）和样式（style）定义等。

元标签<meta>是一个单独标签，它嵌套在<head>标签内部。它用于描述HTML网页文档的属性。例如，它可以用于指定当前文档所使用的字符编码，图1-4用于指定当前文档所用的字符编码为"utf-8"。如果想使用中文繁体，则需要将字符编码改为"big5"。例如，它可以描述文档的作者、日期和时间，文档的概述、关键词和页面刷新，等等。

示例：设置页面60 s自动刷新一次。对应的代码如下：

```
<meta http-equiv="refresh" content="60">
```

标题标签<title>是成对标签，用于设置网页的标题，设置的标题出现在打开网页的浏览器的标题栏上。

主体包含了HTML中的大部分标签，网页所要显示的文字、图片、动画、视频等多种媒体的标签都要放在主体部分。

2）编写代码

（1）使用记事本编写代码

打开记事本，在记事本中编写如下代码：

```
<html>
```

```
<head>
    <meta charset="utf-8">
    <title>欢迎进入蓝梦音乐网</title>
</head>
<body>
    欢迎进入蓝梦音乐网！
</body>
</html>
```

保存该文件为welcome.html，用IE浏览器打开该文件，运行效果如图1-5所示。

图1-5 "蓝梦音乐网"欢迎页面运行效果图

（2）使用HBuilder编写代码

HBuilder是由国内Dcloud（数字天堂）专为前端打造的开发工具，具有最全的语法库和浏览器兼容性，能够方便地制作手机App。它支持HTML、CSS、JavaScript、PHP的快速开发，是一款功能强大、操作方便的工具，深受广大前端开发者的喜爱。

①创建项目。

a.打开HBuilder软件，单击"文件"|"新建"|"项目"菜单，打开"新建项目"对话框，如图1-6所示。

图1-6 "新建项目"对话框

　　b.在对话框中选择"普通项目",项目命名为musicProject,存放项目的文件夹为F盘,选择模板为"空项目",单击"创建"按钮,就可以创建一个名为musicProject的项目。

　　②创建HTML文件。

　　a.右击musicProject项目,在弹出的快捷菜单中单击"新建"|"目录"菜单,创建task-1文件夹,右击task-1文件夹,在弹出的快捷菜单中单击"新建"|"html"菜单,打开"新建html文件"对话框,输入文件名为welcome.html,如图1-7所示。

图 1-7　"新建 html 文件"对话框

　　b.单击"创建"按钮,出现welcome.hmtl编辑区域,在<title>和<body>标签内输入对应的文本,输入内容如图1-8所示。

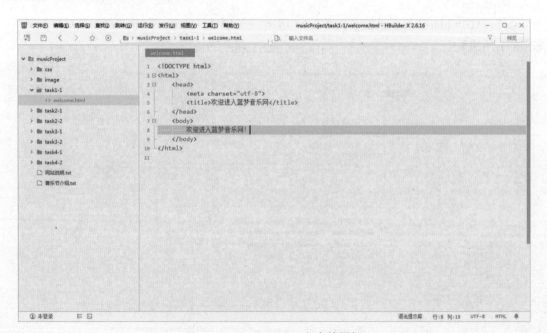

图 1-8　welcome.html 文本编辑框

3）运行效果

单击"运行"|"运行到浏览器"|"Chrome"菜单，就会以谷歌浏览器打开 welcome.html，展示网页运行效果，如图 1-9 所示。

图 1-9　谷歌浏览器展示 welcome.html 运行效果图

资料馆

HTML 发展史

HTML 经过了几十年的发展，取得了极大的成绩。

1993 年 6 月，互联网工程工作小组（IETF）团队提出了 HTML 1.0 草案，但该草案并不是成形的标准。

1995 年，HTML 出现了第二版，即 HTML 2.0，并作为 RFC 1866 发布。

基于两个历史版本的积累，HTML 的发展突飞猛进。1996 年，HTML 3.2 发布并成为 W3C 推荐标准。之后分别在 1997 年和 1999 年，作为升级版本的 4.0 和 4.01 也相继成为 W3C 的推荐标准。

2000 年，基于 HTML 4.01 的 ISO HTML 成为国际标准化组织和国际电工委员会的标准。该标准被沿用至今，这期间虽然有小的改动，但大方向上没有改变。

2008 年 1 月 22 日，HTML 5 的第一份正式草案被公布。

2012 年 12 月 17 日，万维网联盟（W3C）正式宣布，凝结了大量网络工作者心血的 HTML 5 规范已经正式定稿。W3C 的发言稿称："HTML 5 是开放的 Web 网络平台的奠基石。"

2013 年 5 月 6 日，HTML 5.1 正式草案公布。该规范定义了第五次重大版本，第一次要修订万维网的核心语言：超文本标记语言（HTML）。在这个版本中，新功能不断推出，以帮助 Web 应用程序的作者，努力提高新元素互操作性。

2014 年 10 月 29 日，万维网联盟正式宣布，HTML 5 标准规范终于最终制定完成，并予以公开发布。

目前，HTML 5 已经适应了大部分浏览器的标准。支持 HTML 5 的浏览器包括 Firefox（火狐浏览器）、IE9 及其更高版本、Chrome（谷歌浏览器）、Safari、Opera 等；国内的傲游浏览器（Maxthon），以及基于 IE 或 Chromium（Chrome 的工程版或称实验版）所推出的 360 浏览器、搜狗浏览器、QQ 浏览器、猎豹浏览器等国产浏览器同样具备支持 HTML 5 的能力。

任务小结

通过欣赏"蓝梦音乐网"首页，理解了网页是由文字、图片、动画、声音等多种媒体信息以及超链接构成的超文本。该文件由万维网传输并通过浏览器解析后呈现在浏览器上，万维网服务是因特网提供的服务之一。因特网是一组全球信息资源的总汇。它是由许多小的网络（子网）互联而形成的一个逻辑网，每个子网中包含相互连接的若干台计算机（主机）。它还能提供文件传输（FTP）、电子邮件（E-mail）、远程登录（Telnet）等服务。

通过制作"蓝梦音乐网"欢迎页面，学会了HTML文档由头部和主体两部分构成，头部是指HTML代码结构中的代码头部，用<head>标签标识，其包含在<head>标签内的部分称为HTML头部信息。主体部分是指HTML代码结构中代码主体，用<body>标签标识。

HBuilder软件是一款功能强大、操作方便的前端开发工具。

独立训练 制作"时空电影网"欢迎页面

任务描述

请用两种方法制作"时空电影网"欢迎页面。第一种方法用记事本制作，用IE浏览器显示，显示效果如图1-10所示。第二种方法用HBuilder工具软件制作，用谷歌浏览器显示，显示效果如图1-11所示。

图1-10　用IE浏览器显示"时空电影网"欢迎页面

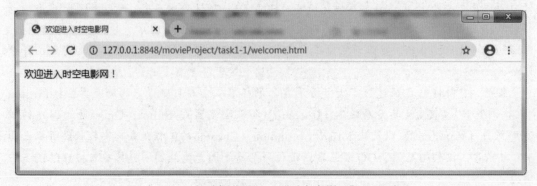

图1-11　用谷歌浏览器显示"时空电影网"欢迎页面

任务分析

用记事本制作和用HBuilder工具软件制作"时空电影网"欢迎页面有什么差异？请记录下来。

实施准备

在HBuilder中创建movieProject空项目，并把项目存放在F盘中。在movieProject项目上创建task1-1文件夹，在该文件夹中创建welcome.html文件。

任务实施

①用记事本制作"时空电影网"欢迎页面。在下列方框中写出HTML脚本。

②用 HBuilder 制作"时空电影网"欢迎页面。在下列方框中写出完成该页面的步骤并编写该页面的脚本。

单元练习

1. 网页是什么？它是如何呈现出来的？

2. HTML 文档包含哪几部分，每部分的作用是什么？

3. 如何用 HBuilder 制作一个 HTML 文件？

单元 2
使用网页标签

组成网页的基本元素包括文字、图像、声音、视频等，如何让这些元素在网页中图文并茂地呈现出来，需要使用标题、段落、横线、换行、图片、文本格式化、列表、声音、视频等HTML基本标签和常用HTML 5新增标签。

在本单元中，学生通过教师引导或在线学习完成"音乐节"网页，了解HTML基本标签和常用HTML 5新增标签的使用场合和使用方法，然后独立完成电影节网页，巩固必备的知识与技能。

教学目标	☑ 学会使用标题标签 ☑ 学会使用段落标签 ☑ 学会使用横线标签 ☑ 学会使用换行标签 ☑ 学会使用图片标签 ☑ 了解使用 HTML 中的特殊符号 ☑ 学会使用文本格式化标签 ☑ 学会使用列表标签 ☑ 学会使用声音标签 ☑ 学会使用视频标签 ☑ 学会使用 marquee 标签
教学模式	☑ 线上线下混合式教学 ☑ 理实一体教学
教学方法	☑ 示范教学法 ☑ 任务驱动法
课时建议	8 课时

引导训练 2-1　制作"蓝梦音乐网"音乐节页面

任务描述

音乐节是音乐领域一项重大活动，为了让广大网民了解音乐节，需要制作音乐节网页，展示音乐节的相关内容。音乐节网页需要介绍的内容有主要形式、演出形式和一些著名的音乐节，效果如图2-1所示。

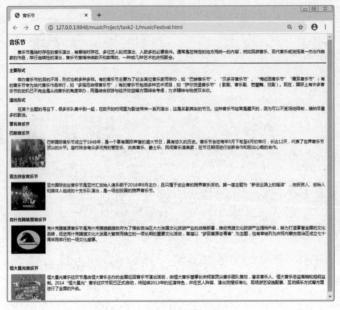

图 2-1　音乐节网页效果图

任务分析

从展示音乐节网页效果图看，页面中有不同大小的粗体文字、段落、横线和图片。为实现该网页的效果，需要使用一些HTML基本标签；为实现段落的缩进，需要在网页中插入特殊符号。根据分析，完成本任务，需要掌握如下内容：

➢ 标题标签。
➢ 段落标签。
➢ 横线标签。
➢ 特殊符号。
➢ 图片标签。
➢ 换行标签。

实施准备

在HBuilder中打开已创建的musicProject项目，在项目中创建task2-1文件夹，在该文件夹下创建musicFestival.html。

任务实施

1．添加标题

网页中的标题和文章中的标题具有一致性，都是用于概括一篇文章或一个段落。

HTML提供了六级标题，分别是\<h1\>、\<h2\>、\<h3\>、\<h4\>、\<h5\>、\<h6\>，其中\<h1\>字

号最大，<h6>字号最小。标题在网页中独占一行，并且以粗体显示。

为了实现音乐节中的各级标题，设置了系列标题并确定了标题标签，其对应关系如表2-1所示。

表 2-1　网页标题设置

序　号	标　题	标 题 标 签
1	音乐节	<h1>
2	主要形式、演出形式、著名音乐节	<h2>
3	巴斯音乐节、亚杰创业音乐节、克什克腾草原音乐节、恒大星光音乐节	<h3>

在musicFestival.html中编写如下代码。

```html
<!DOCTYPE html>
<html>
    <head>
        <meta charset="utf-8">
        <title>音乐节</title>
    </head>
    <body>
        <h1>音乐节</h1>
        <h2>主要形式</h2>
        <h2>演出形式</h2>
        <h2>著名音乐节</h2>
        <h3>巴斯音乐节</h3>
        <h3>亚杰创业音乐节</h3>
        <h3>克什克腾草原音乐节</h3>
        <h3>恒大星光音乐节</h3>
    </body>
</html>
```

运行上述代码，效果如图2-2所示。

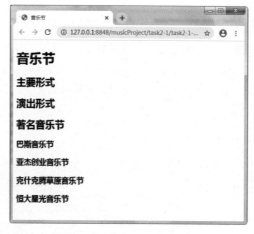

图 2-2　添加标题运行效果图

2．添加段落

在网页中，要把文章按段落有条理地显示出来，需要使用段落标签 <p>。该标签的使用格式如下：

```
<p align="属性值">[文章段落]</p>
```

align 属性用于设置段落的对齐方式，可以设置为 left（左对齐）、center（居中）、right（右对齐）。

为了添加音乐节网页中关于各标题的描述，需要使用 <p> 标签，修改 musicFestival.html，在各标题标签下添加段落标签以及对应的段落描述，代码如下：

```
……
<h1>音乐节</h1>
<p>
     音乐节是临时存在的音乐演出，有着临时存在、多位艺人轮流演出、人数多的必要条件。通常是在特定的地方用统一的内容，例如民族音乐、现代音乐或发扬某一杰出作曲家的作品，举行连续性的演出，音乐节意指持续数天和数周的、一种或几种艺术的庆祝聚会。
</p>
<h2>主要形式</h2>
<p>
   举办音乐节的目的不同，形式也就多种多样。有的音乐节主要为了纪念某位音乐家而举办，如"巴赫音乐节""贝多芬音乐节""梅纽因音乐节""聂耳音乐节"；有的音乐节专为当代音乐作品举行，如"多瑙厄申根音乐节"；有的音乐节包括多种艺术项目，如"萨尔茨堡音乐节"（歌剧、音乐剧、芭蕾舞、戏剧）。现在，国际上有许多音乐节的动机已不完全是从纯音乐的角度举办，而是结合旅游与经济效益等方面综合考虑，力求精神与物质双丰收。
</p>
<h2>演出形式</h2>
<p>
在某个主题的号召下，很多乐队集中到一起，在数天的时间里为歌迷带来一系列演出，这是名副其实的节日。这种音乐节经常是露天的，因为可以不受场地限制，接纳尽量多的歌迷。
</p>
<h2>著名音乐节</h2>
<h3>巴斯音乐节</h3>
<p>
   巴斯国际音乐节成立于1948年，是一个享有国际声誉的盛大节日，具有悠久的历史。音乐节会在每年5月下旬至6月初举行，长达12天，代表了世界音乐节顶尖的水平。届时将会有众多优秀的管弦乐、古典音乐、爵士乐、民间音乐演奏家，在节日期间进行创新合作和别出心裁的合作。
</p>
<h3>亚杰创业音乐节</h3>
<p>
   亚杰国际创业音乐节是亚杰汇创始人俱乐部于2016年9月主办，且只属于创业者的跨界音乐活动。第一届主题为"新创业路上的摇滚"，由投资人、创始人和媒体人组成的十支乐队演出，是一场创投圈的跨界音乐节。
</p>
<h3>克什克腾草原音乐节</h3>
```

```
<p>
    克什克腾草原音乐节是克什克腾旗委旗政府为了落实自治区大力发展文化旅游产业的战略部署，
推动克旗文化旅游产业提档升级，努力打造享誉全国的文化品牌，促进克什克腾旗文化大发展大繁荣
而确立的一项长期的重要文化活动，首届以"梦回草原@青春"为主题，也有幸被列为庆祝内蒙古自
治区成立七十周年而举行的一场文化盛事。
</p>
<h3>恒大星光音乐节</h3>
<p>
    恒大星光音乐狂欢节是由恒大音乐主办的全国巡回音乐节演出活动，由恒大音乐董事长宋柯率
顶尖音乐团队策划，著名音乐人、恒大音乐总监高晓松担纲监制。2014"恒大星光"音乐狂欢节现已
正式启动，将延续2013年的巡演特色，并在艺人阵容、演出流程标准化、现场游艺设施配套、互动娱
乐方式等方面进行了全面的升级。
</p>
…
```

运行上述代码，效果如图2-3所示。

图2-3　添加段落运行效果图

3. 添加横线

在网页中，有时需要用一根横线对网页内容进行分隔，这时候需要使用<hr>标签，该标签是一个单独标签，其使用格式如下：

```
<hr 属性="属性值">
```

<hr>标签属性定义如表2-2所示。

表2-2　横线标签的属性

属　　性	说　　明
width	用于设置横线的宽度，设置长度时既可以用占网页的宽度的百分比来设置长度，又可以用具体数字来设置长度 [以像素（px）为单位]
size	用于设置横线的粗细，以像素（px）为单位
align	用于设置横线的对齐方式，可以设置为 left（左对齐）、center（居中）、right（右对齐）
color	用于横线的颜色

在音乐节网页中，为了实现"音乐节"内容和"主要形式"之间的分隔，需要使用横线标签。修改musicFestival.html，添加横线标签，代码如下：

```
…
<hr width="100%" size="2px" color="blue">
<h2>主要形式</h2>
…
```

运行上述代码，效果如图2-4所示。

图2-4　添加横线标签运行效果图

4．插入特殊符号

在网页中，一些字符已经被HTML使用，如"<"">"""（英文双引号）等，所以不能在网页代码中直接使用它们。如果需要在网页中显示这些特殊符号，就需要使用这些符号的转义码。特殊字符和转义码的关系如表2-3所示。

表2-3　常见的特殊字符及转义码

特　殊　字　符	转　义　码	特　殊　字　符	转　义　码
引号（"）	&quot;	空格	
&	&amp;	元（¥）	&yen;

续表

特 殊 字 符	转 义 码	特 殊 字 符	转 义 码
<	&lt;	版权（©）	&copy;
>	&gt;	注册商标（®）	&reg;

在音乐节网页中，段落的首行需要缩进，不能直接在段落首行按空格键输入"空格"字符，而是需要插入空格（ ）转义码。修改musicFestival.html，插入空格转义码，代码如下：

```
...
<p>
           举办音乐节的目的不同，形式也就多种多样。……
</p>
...
<p>
           通常是在特定的地方用统一的内容，……
</p>
...
<p>
           在某个主题的号召下，……
</p>
...
```

运行上述代码，效果图如图2-5所示。

图 2-5　插入空格转义码运行效果图

5. 添加图片

在网页中，为了实现图文并茂，需要使用图片标签<img>。该标签是一个单独标签，其使用格式如下：

```
<img 属性="属性值"/>
```

<img>标签所用属性如表2-4所示。

表2-4　图片属性

属　性	说　明
src	用于设置图片文件的路径，在实际应用中，文件的路径需设置为相对路径
height	用于设置图片在网页中的高度，其单位为像素（px）
width	用于设置图片在网页中的宽度，其单位为像素（px）
alt	用于设置的图片的文字说明。当浏览网页时，如果图片因网络原因无法显示，那么在该图片的位置就会显示该图片的文字说明，以便浏览者清楚该图片的用途
align	用于设置图片的对齐方式，可以设置为 left（左对齐）、center（居中）、right（右对齐）
hspace	用于设置图片与文本间的横向间距，单位是像素（px）
vspace	用于设置图片与文本间的纵向间距，单位是像素（px）

在音乐节网页中，需要采用图文并茂的方式描述亚杰音乐节，需要使用<img>标签。修改musicFestival.html，添加<img>标签，代码如下：

```
...
<p>
    <img src="image/bathAbbey.jpg" align="left" width="200px" width=
"160px" hspace="10px"/>
    巴斯国际音乐节成立于1948年……
</p>
...
<p>
    <img src="image/亚杰音乐节.jpg" align="left"/ width="200px" height=
"160px" hspace="10px"/>
    亚杰国际创业音乐节……
</p>
...
<p>
    <img src="image/克什克腾草原音乐节.jpg" align="left"/ width=
"200px" height="160px" hspace="10px"/>
    克什克腾草原音乐节……
</p>
...
<p>
    <img src="image/恒大星光.jpg" align="left" width="200px" height="160px"
hspace="10px"/>
```

　　　恒大星光音乐狂欢节……。

```
    </p>
```

　　运行上述代码，效果如图2-6所示。

6．添加换行

　　在网页中，不同内容块之间需要使用空行，或在一个段落中某两句话之间需要换行，这就需要使用换行标签
，该标签是一个单独标签。

图 2-6　添加图片标签运行效果图

　　在音乐节网页中多个地方出现了错位显示，为解决这个问题，可以添加
标签。修改 musicFestival.html，添加
标签，代码如下：

```
    ...
    <p>
        <img src="image/bathAbbey.jpg" align="left" width="200px" height=
"160px" hspace="10px"/>
        巴斯国际音乐节成立于……
    </p>
    <br>
    <br>
    <br>
    <h3>亚杰创业音乐节</h3>
    <p>
    <img src="image/亚杰音乐节.jpg" align="left"/ width="200px" height=
"160px" hspace="10px"/>
    亚杰国际创业音乐节……
    </p>
```

```
<br>
<br>
<br>
<h3>克什克腾草原音乐节</h3>
...
  <br>
  <br>
  <br>
  <h3>恒大星光音乐节</h3>
...
```

运行上述代码，效果如图2-7所示。

图 2-7　添加换行标签运行效果图

🍵任务小结

通过制作"蓝梦音乐网"音乐节网页，学会了HTML常见的基本标签的使用。常用的标签包括标题（<h1>~<h6>）、段落（<p>）、横线（<hr>）、图片（<img>）和换行（
）等。

在使用标签时，需要根据网页效果设置好标签的属性。

灵活运用标签，能使网页显示画面美观、漂亮。

独立训练 2-1　制作"时空电影网"电影节页面

🦋任务描述

电影节是电影领域一项重大活动，为了让广大网民了解电影节，需要制作电影节网页，现在世界上有一些著名的电影节，如戛纳电影节、柏林电影节等，受到了广大演员和电影爱好者的青睐。该网页的设计效果如图 2-8 所示。

图 2-8　电影节网页效果图

🚗 任务分析

通过分析，完成"电影节"网页需要使用哪些基本标签？请填写下表。

 实施准备

在 HBuilder 中打开已创建的 movieProject 项目，在项目中创建 task2-1 文件夹，在该文件夹中创建 movieFestival.html。

 任务实施

① 制作电影节网页，需要完成哪些步骤？请填写下表。

② 根据任务要求，编写 movieFestival.html 文件代码。

引导训练 2-2　美化"蓝梦音乐网"音乐节页面

任务描述

网页最基本的要求是页面美观大方和具有吸引力。为了实现上述要求，需要对"蓝梦音乐网"进行美化。具体要求如下：

① 设置一级标题"音乐节"文字的颜色为 blue。

② 设置二级标题"主要形式""演出形式""著名音乐节"文字的颜色为 royalblue。

③ 把"巴斯音乐节""亚杰创业音乐节"等著名音乐节设置为列表标签，颜色设置为 steelblue，字体为粗体。

④ 在页面上添加音乐播放控件，并能播放名为 bgmusic.mp3 的音乐文件。

⑤ 在页面添加视频播放控件，并播放名为 yajie.mp4 的视频文件。

⑥ 在页面顶部添加一个移动字幕，并使它从右边移到左边，循环出现。

该网页的设计效果如图 2-9 所示。

图 2-9　美化"蓝梦音乐网"页面效果图

任务分析

从展示的"蓝梦音乐网"页面效果图看，设置了网页文字的颜色、字体粗体，添加了列表，使网页页面显示更丰富；添加了和主题相关的音乐、视频和移动字幕，使页面更具有吸引力。为实现上述效果，需要掌握如下内容：

> 文本字体标签。
> 列表标签。
> 文本格式化标签。
> 声音标签。
> 视频标签。
> marquee标签。

实施准备

在HBuilder中打开已创建的musicProject项目，并在项目中创建task2-2文件夹。复制task2-1文件夹中的子文件夹和musicFestival.html至task2-2文件夹中。本次引导训练将修改网页文件的内容。

任务实施

1．美化标题

在网页中，美化标题可以使用字体<font>标签，该标签能设置文本字体、大小和颜色。字体标签的使用格式如下：

```
<font 属性="属性值">文字内容</font>
```

字体标签的常用属性如表2-5所示。

表2-5　字体标签属性

属　　性	说　　明
color	用于设置文本的颜色，属性值可以是英文颜色单词，如 blue（蓝色），也可以是十六进制的数字值，如 #FFFFFF（白色）
size	用于设置文本的大小。size 的设置值为 1~7，1 为最小字体，7 为最大字体。当在网页中出现 <font size+=1> 时，表示比预设的字体大一级。通常预设的字体为 3
face	用于设置文本的字体，如"宋体"。在设置文字内容的字体时，操作系统要安装该字体，否则浏览器以系统中的默认字体显示

在"蓝梦音乐节"网页中，不同的标题用不同的颜色显示，需要使用<font>标签，修改的代码如下：

```
<!DOCTYPE html>
<html>
    <head>
        <meta charset="utf-8">
        <title>音乐节</title>
    </head>
    <body>
        <h1><font color="blue">音乐节</font></h1>
        …
        <h2><font color="royalblue">主要形式</font></h2>
```

```
    …
    <h2><font color="royalblue">演出形式</font></h2>
    …
    <h2><font color="royalblue">著名音乐节</font></h2>
    …
    </body>
</html>
```

运行上述代码，效果图如图2-10所示。

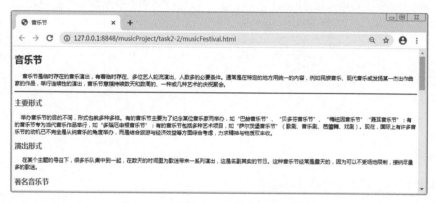

图 2-10　添加字体标签的运行效果图

2．使用列表

在网页中，当需要对网页内容按某种逻辑方式进行分组时，需要使用列表标签。常用的列表标签有三种，分别是：有序列表、无序列表、自定义列表。

1）有序列表

有序列表是指各条目之间是有逻辑顺序的，如"1、2、3、……"或"a、b、c、……"。

有序列表用<ol>来标记，列表中的每一项用<li>来标记。其使用格式如下：

```
<ol 属性="属性值" >
    <li>列表项1</li>
    <li>列表项2</li>
    …
</ol>
```

有序列表的属性如表2-6所示。

表 2-6　有序列表属性

属　　性	说　　明
type	用来设置列表项逻辑顺序的表示方式，共有以下 5 种方式。 ➢1（数字） ➢A（大写英文字母） ➢a（小写英文字母） ➢I（大写罗马数字） ➢i（小写罗马数字）
start	用来设置有序列表条目的起始值

在"蓝梦音乐网"音乐节网页中，要列举著名的音乐节，如巴斯音乐节、亚杰创业音乐节、克什克腾草原音乐节、恒大星光音乐节，需要使用有序列表。修改的代码如下：

```
<!DOCTYPE html>
<html>
    ...
        <ol type="1" start="1">
            <li><font color="steelblue">巴斯音乐节</font></li>
            ...
            <li><font color="steelblue">亚杰创业音乐节</font></li>
            ...
            <li><font color="steelblue">克什克腾草原音乐节</font></li>
            ...
            <li><font color="steelblue">恒大星光音乐节</font></li>
            ...
        </ol>
    ...
</html>
```

运行上述代码，效果如图2-11所示。

图 2-11　使用有序列表的运行效果图

2）无序列表

无序列表是指需列表的各条目之间无顺序关系，使用实心圆、小正方形或空心圆等列举条目。无序列表使用<ul>标签来创建，列表中的每一项用<li>来标记。其使用格式如下：

```
<ul type="属性值">
    <li>列表项1</li>
    <li>列表项2</li>
```

```
    …
</ul>
```

type属性：用来设置列表项逻辑顺序的表示方式，共有以下几种方式。

➢ disk（实心圆●）。

➢ square（小正方形■）。

➢ circle（空心圆○）。

在"蓝梦音乐节"网页中，如果要用无序列表列举著名的音乐节，则编写的代码有少许不同，修改的代码如下：

```
<!DOCTYPE html>
<html>
    …
        <ul type="disc">
            …
        </ul>
    …
</html>
```

运行上述代码，效果如图2-12所示。

图2-12　使用无序列表的运行效果图

3）自定义列表

自定义列表不但可以列出列表项，而且还能对列表进行简短描述。自定义列表以<dl>标签开始，自定义列表项用<dt>引导，自定义列表项的简短描述用<dd>引导。其使用格式如下：

```
<dl>
    <dt>列表项1</dt>
    <dd>列表项描述1</dd>
    <dt>列表项2</dt>
```

```
        <dd>列表项描述2</dd>
        ...
<dl>
```

在"蓝梦音乐节"网页中，如果要列表列举著名的音乐节，并对音乐节进行简短描述，则可以使用自定义列表。编写的代码如下（见代码文件 task2-2-1.html）：

```
<!DOCTYPE html>
<html>
    <head>
        <meta charset="utf-8">
        <title></title>
    </head>
    <body>
        <dl>
            <dt>巴斯音乐节</dt>
            <dd>巴斯国际音乐节成立于1948年，是一个享有国际声誉的盛大节日，具有悠
久的历史。</dd>
            <dt>亚杰创业音乐节</dt>
            <dd>亚杰国际创业音乐节是亚杰汇创始人俱乐部于2016年9月主办，且只属于
创业者的跨界音乐活动。</dd>
            <dt>克什克腾草原音乐节</dt>
            <dd>由内蒙古赤峰市克什克腾旗委旗政府主办、牧马人文化传媒（大连）有限公
司承办的克什克腾草原音乐节。</dd>
            <dt>恒大星光音乐节</dt>
            <dd>由恒大音乐主办的全国巡回音乐节演出活动，由恒大音乐董事长宋柯率顶尖
音乐团队策划，著名音乐人、恒大音乐总监高晓松担纲监制。</dd>
        </dl>
    </body>
</html>
```

运行上述代码，效果如图2-13所示。

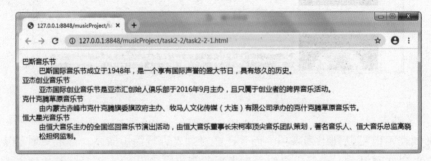

图2-13　使用自定义列表的运行效果图

3．实现文本格式化

在编辑网页时，为了使网页内容丰富多彩，文本显示凸显特色，可以使用文本格式化标

签。常用的文本格式化标签如表2-7所示。

表 2-7　常用的文本格式化标签

标　签	描　述	标　签	描　述
\<b\>	定义粗体文本	\<small\>	定义小号字
\<big\>	定义大号字	\<strong\>	定义加重语气
\<em\>	定义突出文字	\<sub\>	定义下标字
\<i\>	定义斜体字	\<sup\>	定义上标字

示例（见代码文件task2-2-2.html）：

```html
<!DOCTYPE html>
<html>
    <body>
        <b>本文本是粗体</b>
        <br />
        <strong>本文本被强化</strong>
        <br />
        <big>本文本是大号字</big>
        <br />
        <em>本文本被突出</em>
        <br />
        <i>本文本是斜体</i>
        <br />
        <small>本文本是小号字</small>
        <br />
        本文本包含
        <sub>下标</sub>
        <br />
        本文本包含
        <sup>上标</sup>
    </body>
</html>
```

运行上述代码，效果如图2-14所示。

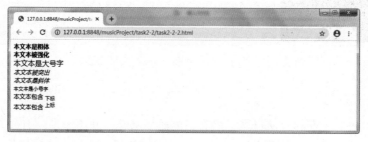

图 2-14　使用文本格式化标签运行效果图

在"蓝梦音乐节"网页中，要对列举的著名音乐节加粗显示，则需要使用文本格式化标签中的加粗标签。修改的代码如下：

```
<!DOCTYPE html>
<html>
    <body>
        …
        <ol>
        …
        <li><font color="steelblue"><b>巴斯音乐节</b></font></li>
        …
        <li><font color="steelblue"><b>亚杰创业音乐节</b></font></li>
        …
        <li><font color="steelblue"><b>克什克腾草原音乐节</b></font></li>
        …
        <li><font color="steelblue"><b>恒大星光音乐节</b></font></li>
        …
    </body>
</html>
```

运行上述代码，效果如图2-15所示。

图 2-15　使用文本格式化加粗标签运行效果图

4．添加音频标签

在HTML中播放声音的方法很多，但真正要播放出音频并不容易。有些方法必须要安装浏览器插件才能播放音频。这里只介绍使用<audio>标签播放音频，该标签是一个HTML 5标签，必须支持 HTML 5 的浏览器才能使用它。<audio> 标签的使用格式如下：

```
<audio 属性列表 >… </audio>
```

声音标签的常用属性如表 2-8 所示。

表 2-8　声音标签属性表

属　性	值	描　述
autoplay	autoplay	如果出现该属性，则音频就绪后马上播放
controls	controls	如果出现该属性，则向用户显示控件，比如播放按钮
loop	loop	如果出现该属性，则每当音频播放结束时重新开始播放
preload	preload	如果出现该属性，则音频在页面加载时进行加载，并预备播放。如果使用 autoplay，则忽略该属性
src	url	要播放的音频的 URL

在"蓝梦音乐节"网页中，需在页面上添加音乐播放控件，播放文件名为 bgmusic.mp3，可以使用 <audio> 标签。添加的代码如下：

```
<!DOCTYPE html>
<html>
…
    <p>
             音乐节是临时存在的音乐演出，有着临时存在、多
位艺人轮流演出、人数多的必要条件。通常是在特定的地方用统一的内容，例如民族音乐、现代音乐
或发扬某一杰出作曲家的作品，举行连续性的演出，音乐节意指持续数天和数周的、一种或几种艺术
的庆祝聚会。
        <audio src="image/bgmusic.mp3" autoplay="autoplay"
controls="controls"></audio>
    </p>
    …
  </body>
</html>
```

运行上述代码，效果如图 2-16 所示。

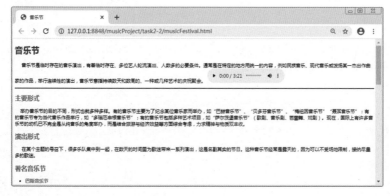

图 2-16　添加声音标签运行效果图

5. 添加视频

在HTML中播放视频的方法很多，但真正要播放出视频并不容易。有些方法必须安装浏览器插件才能播放视频。这里只介绍使用\<video\>标签播放视频，该标签是一个HTML 5标签，必须要支持HTML 5的浏览器才能使用它。\<video\>标签的使用格式如下：

```
<video 属性列表 >… </video>
```

\<video\>标签的常用属性如表2-9所示。

表2-9 \<video\>标签属性

属 性	值	描 述
autoplay	autoplay	如果出现该属性，则视频就绪后马上播放
controls	controls	如果出现该属性，则向用户显示控件，比如"播放"按钮
height	pixels	设置视频播放器的高度
loop	loop	如果出现该属性，则当媒介文件完成播放后再次开始播放
muted	muted	规定视频的音频输出被静音
poster	URL	规定视频下载时显示的图像，或者在用户单击"播放"按钮前显示的图像
preload	preload	如果出现该属性，则视频在页面加载时进行加载，并预备播放。如果使用 autoplay，则忽略该属性
src	url	要播放视频的 URL
width	pixels	设置视频播放器的宽度

在"蓝梦音乐节"网页中，需要在页面添加视频播放控件，播放的文件名为yajie.mp4，可以使用\<video\>标签。添加的代码如下：

```
<!DOCTYPE html>
<html>
    <head>
        <meta charset="utf-8">
        <title></title>
    </head>
    <body>
        …
        <video src="image/yajie.mp4" width="600px" height="400px"
controls="controls"></video>
    </body>
</html>
```

运行上述代码，效果如图2-17所示。

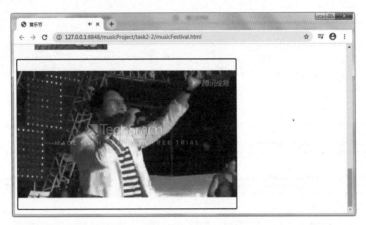

图 2-17 添加视频标签运行效果图

6．添加 marquee

<marquee>标签可以让文字在网页上动态滚动。该标签的格式如下：

<marquee 属性="属性值">

该标签的常用属性如表2-10所示。

表 2-10 <marquee> 标签常用属性

属　　性	说　　　　明
direction	用于设置文字的运动方向，可以设置向左（left）和向右（right）运动
behavior	用于设置文字的运动方式，可以设置为转动（scroll）、运动一遍（slide）和来回交替运动（alternate）
loop	用于设置循环次数，若未指定则一直循环
scrollamount	用于设置滚动速度，数字越大，速度越快
scrolldelay	用于设置文字滚动间隔，单位是毫秒

在"蓝梦音乐节"网页中，需要在页面顶部添加一个移动字幕"听蓝梦音乐，放松好心情！"，并使它从右边移到左边，循环出现，可以使用<marquee>标签。添加的代码如下：

```
<!DOCTYPE html>
<html>
    <head>
        <meta charset="utf-8">
        <title></title>
    </head>
    <body>
        <marquee direction="left" behavior="scroll" scrollamount=
"10"><font color="#87CEFA" size="4"><b>听蓝梦音乐，放松好心情！</b>
</font></marquee>
    …
    </body>
</html>
```

运行上述代码，效果如图2-18所示。

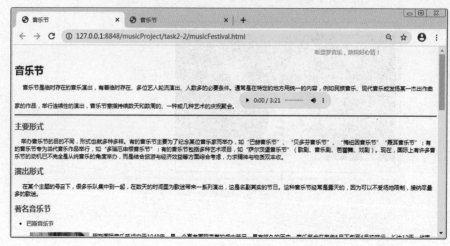

图2-18 添加 <marquee> 标签运行效果图

任务小结

通过美化"蓝梦音乐节"网页，学会了字体（<font>）标签、文本格式化标签、列表标签、音频标签、视频标签和marquee标签的使用。

字体标签能够设置字体、颜色和字体大小。

文本格式化标签能够实现文字加粗、倾斜、加下画线、上升和下沉。

列表包括有序列表、无序列表和自定义列表。

音频标签能实现播放音频文件。

视频标签能实现播放视频文件。

marquee标签可以让文字在网页上动态滚动。

灵活运用好标签，能使网页显示画面美观、漂亮，更具吸引力。

独立训练 2-2 美化"时空电影网"电影节页面

任务描述

网页最基本的要求是页面美观大方且具有吸引力。为了实现上述要求，需要对"时空电影网"电影节页面进行美化。具体要求如下：

①设置一级标题"电影节"文字的颜色为blue。

②强化描述电影节中的文本"威尼斯电影节、戛纳电影节、柏林电影节"。

③设置二级标题"著名电影节"文字的颜色为royalblue。

④把各个电影节的网址设置为斜体。

⑤把"戛纳电影节""威尼斯电影节"等著名音乐节设置为无序列表标签，颜色设置为steelblue，字体为粗体。

⑥在页面上添加音乐播放控件，并能播放名为bgmusic.mp3的音乐文件。

⑦在页面上添加视频播放控件，并播放名为movieFest.mp4的视频文件。

页面效果如图2-19所示。

图2-19　美化电影节网页效果图

任务分析

美化"时空电影节"网页需要使用哪些网页标签？请填写下表。

实施准备

在 HBuilder 中打开已创建好的 movieProject 项目，在项目中创建 task2-2 文件夹，把 task2-1 文件夹中的 movieFestival.html 和子文件复制到 task2-2 文件夹中，并按美化的具体要求进行修改。

任务实施

① 制作电影节网页，需要完成哪些步骤？请填写下表。

② 根据任务要求，编写 movieFestival.html 代码。

单元练习

1. 常用的 HTML 标签有哪些？

2. 图像标签有哪些属性？如何使用这些属性？

3. 字体标签有哪些属性？如何使用这些属性？

4. 列表分为哪几类？如何使用列表标签的属性？

5. 如何使用音频、视频标签？

6. 如何使用 marquee 标签？

单元 3

使用表格、表单

表格在网页设计中主要用于布局网页内容，它能使文本、图片、列表、段落、表单、水平线等元素在网页中有序组织起来。每个表格包含若干行，每行被分割成若干单元格，单元格中的内容即为上述所列举的文本、图片、列表等元素。

表单在网页中主要用于收集用户输入，其中存放表单元素。常见表单元素包括文本字段、密码字段、文件域、单选按钮、下拉列表、复选框、按钮等。

在本单元中，学生通过教师引导或在线学习完成"蓝梦音乐网"歌手网页，学会表格使用方法；完成"蓝梦音乐网"用户注册网页，学会表单的使用。然后独立完成"时空电影网"中国电影网页和用户注册网页，巩固必备的知识与技能。

教学目标	☑ 学会使用表格标签 ☑ 学会实现表格行、列的合并 ☑ 学会使用表格实现 HTML 元素的布局 ☑ 学会创建表单 ☑ 学会使用常见的表单元素 ☑ 了解不常见的表单元素
教学模式	☑ 线上线下混合式教学 ☑ 理实一体教学
教学方法	☑ 示范教学法 ☑ 任务驱动法
课时建议	8 课时

引导训练 3-1　制作"蓝梦音乐网"歌手页面

任务描述

歌手栏目是"蓝梦音乐网"六大栏目之一，为了让大家了解歌手情况，需要制作歌手网页，该网页要求能展示全部歌手的照片和姓名，也能实现按中国、欧美和日韩分类展示歌手的照片和姓名。制作效果如图3-1所示。

图 3-1　歌手网页效果图

任务分析

从展示歌手网页效果看，网页总体上分为左右两栏，左边是实现对歌手分类，右边是以五列的方式展示歌手的照片和名字。为实现该网页的效果，需要使用表格有序组织网页中的元素。根据分析，完成本任务需要掌握如下内容：

➢ 添加表格标签。
➢ 设置表格的属性。
➢ 设置列的属性。
➢ 合并表格的行和列。

实施准备

在 HBuilder 中打开已创建的 musicProject 项目，并在项目中创建 task3-1 文件夹。本次引导训练所创建的文件都在该文件夹中创建。

任务实施

1．制作歌手网页右侧部分

在 HTML 中，使用 <table> 标签实现添加表格。每个表格（见图 3-2）包含表格标题（由 <caption> 标签定义）和若干行（由 <tr> 标签定义），每行被分割为若干单元格（由 <td> 或 <th> 标签定义，<th> 只用于标题行中）。文本、图片、列表、段落、表单、水平线等 HTML 的元素就存放在单元格中。

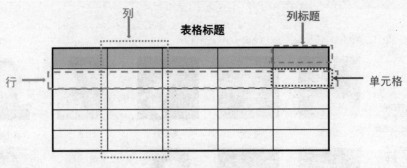

图 3-2　表格示意图

表格标签（<table>）的使用格式如下：

```
<table 属性="属性值">
    <caption>表格标题</caption>
    <tr 属性="属性值">
        <th属性="属性值">列标题</th>
        ...
    </tr>
<tr 属性="属性值">
        <td属性="属性值">单元格内容</td>
        ...
    </tr>
    ...
</table>
```

表格（table）常用属性如表 3-1 所示。

表 3-1　表格（table）常用属性

属性	值	描述
align	left（左） center（中） right（右）	设置表格相对周围元素的对齐方式
bgcolor	rgb(x,x,x) #xxxxxx Colorname（颜色名）	设置表格的背景颜色，有三种方式设置表格背景颜色
border	Pixels（像素）	设置表格边框的宽度
bordercolor	rgb(x,x,x) #xxxxxx Colorname（颜色名）	设置表格边框的颜色，有三种方式设置表格边框的颜色
cellpadding	pixels（像素） %	设置单元格边沿与其内容之间的空白，既可以设置为像素，也可以设置为百分比
cellspacing	pixels（像素） %	设置单元格之间的空白，既可以设置为像素，也可以设置为百分比
width	Pixels（像素） %	规定表格的宽度，既可以设置为像素，也可以设置为百分比

表格行（tr）常用属性如表3-2所示。

表 3-2　表格行（tr）常用属性

属性	值	描述
align	left（居左） center（居中） right（居右）	设置表格行的内容水平对齐方式
valign	top（靠上） middle（中部） botton（靠下）	设置表格行的内容垂直对齐方式
bgcolor	rgb(x,x,x) #xxxxxx Colorname（颜色名）	设置表格行的背景颜色，有三种方式设置表格行的背景颜色

表格单元格（td 或 th）常用属性如表3-3所示。

表 3-3　表格单元格（td 或 th）常用属性

属性	值	描述
align	left（居左） center（居中） right（居右）	设置表格行的内容水平对齐方式
valign	top（靠上） middle（中部） botton（靠下）	设置表格行的内容垂直对齐方式
bgcolor	rgb(x,x,x) #xxxxxx Colorname（颜色名）	设置表格单元格的背景颜色
height	pixels %	设置表格单元格的高度，既可以设置为像素，也可以设置为百分比
width	pixels %	设置表格单元格的宽度，既可以设置为像素，也可以设置为百分比
colspan	number	设置单元格可横跨的列数，用于表格的列合并
rowspan	number	设置单元格可横跨的行数，用于表格的行合并

现在通过一段代码来说明表格标签的使用。在task3-1中创建task3-1-1.html文件，编写代码如下：

```
<!DOCTYPE html>
<html>
    <head>
        <meta charset="utf-8">
        <title>表格示例1</title>
    </head>
    <body>
        <table border="1">
```

```
            <caption>表格标题</caption>
            <tr>
                <th>第一列标题</th>
                <th>第二列标题</th>
            </tr>
            <tr>
                <td>第一行 第一列</td>
                <td>第一行 第二列</td>
            </tr>
            <tr>
                <td>第二行 第一列</td>
                <td>第二行 第二列</td>
            </tr>
        </table>
    </body>
</html>
```

运行上述代码，效果如图3-3所示。

图 3-3　使用表格运行效果图

> **说明**
>
> ①在HTML中使用表格对网页进行布局时，通常不使用表格标题标签（<caption>）和列标题标签<th>。
>
> ②<th>标签能自动实现对列标题进行加粗和居中，而<td>标签不具备该功能。

在歌手网页中，需要在页面右侧显示歌手的照片和名字，一行显示5个歌手，总共显示3行，照片和名字在单元格中要居中显示，需要添加一个3行5列的表格，并设置表格的宽度为780 px，居中显示，表格边框宽度属性（border）为0，单元格的宽度为195 px，水平对齐属性（align）为居中显示，网页的背景使用图片文件"bj1.jpg"。

在task3-1文件夹中创建singer.html，编写代码如下：

```
<!DOCTYPE html>
<html>
    <head>
        <meta charset="utf-8">
```

```html
        <title>歌手</title>
</head>
<body background="image/bg1.jpg">
    <table border="0" align="center" width="780px">
        <tr>
            <td align="center" width="195">
                <img src="image/刘若英.jpg"/>
                <p>刘若英</p>
            </td>
            <td align="center" width="195">
                <img src="image/任贤齐.jpg"/>
                <p>任贤齐</p>
            </td>
            <td align="center" width="195">
                <img src="image/周华健.jpg"/>
                <p>周华健</p>
            </td>
            <td align="center" width="195">
                <img src="image/林俊杰.jpg"/>
                <p>林俊杰</p>
            </td>
            <td align="center" width="195">
                <img src="image/林忆莲.jpg"/>
                <p>林忆莲</p>
            </td>
        </tr>
        <tr>
            <td align="center">
                <img src="image/dido.jpg"/>
                <p>Dido</p>
            </td>
            <td align="center">
                <img src="image/richardclavde.jpg"/>
                <p>Richard Clavde</p>
            </td>
            <td align="center">
                <img src="./image/KittvWells.jpg"/>
                <p>Kittv Wells</p>
            </td>
            <td align="center">
                <img src="image/Iu.jpg"/>
                <p>IU</p>
            </td>
            <td align="center">
```

```
                    <img src="image/Jessica.jpg"/>
                    <p>Jessica</p>
                </td>
            </tr>
            <tr>
                <td align="center">
                    <img src="image/久石让.jpg"/>
                    <p>久石让</p>
                </td>
                <td align="center">
                    <img src="image/内田真礼.jpg"/>
                    <p>内田真礼</p>
                </td>
                <td align="center">
                    <img src="image/小野丽莎.jpg"/>
                    <p>小野丽莎</p>
                </td>
                <td align="center">
                    <img src="image/李毅真.jpg">
                    <p>李毅真</p>
                </td>
                <td align="center">
                    <img src="image/Rain.jpg">
                    <p>Rain</p>
                </td>
            </tr>
        </table>
    </body>
</html>
```

运行上述代码，效果如图3-4所示。

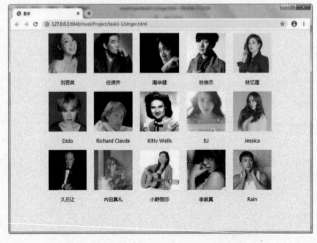

图3-4　网页右侧部分运行效果图

2. 制作歌手网页左侧部分

在 HTML 中，通过设置单元格（<td>）标签的 rowspan 属性实现行合并，通过设置 colspan 属性实现列合并。使用方法如下：

```
<td rowspan="value" colspan="value">单元格内容</td>
```

在歌手网页中，网页总体上分为左右两栏，左边是实现对歌手分类，右边是以五列的方式显示歌手的照片和名字。把左边看成表格的 1 列，则需在原有表格的基础上添加 1 列，设计成一个 3 行 6 列的表格，其中第一列跨 3 行。实现表格第一行第一列的代码如下：

```
<td rowspan="3" width="220" valign="top">
```

歌手按二级条目分类，可以使用自定义列表实现该项功能。具体代码如下：

```
<td rowspan="3" width="220" valign="top">
    <p><font color="deepskyblue" size="6">全部歌手</font></p>
    <dl>
        <dt>中国</dt>
            <dd>中国男歌手</dd>
            <dd>中国女歌手</dd>
            <dd>中国乐队组合</dd>
        <dt>欧美</dt>
            <dd>欧美男歌手</dd>
            <dd>欧美女歌手</dd>
            <dd>欧美乐队组合</dd>
        <dt>日韩</dt>
            <dd>日韩男歌手</dd>
            <dd>日韩女歌手</dd>
            <dd>日韩乐队组合</dd>
    </dl>
</td>
```

修改 singer.html，修改代码如下：

```
<!DOCTYPE html>
<html>
    ...
    <table border="0" align="center" width="1000px">
        <tr>
            <td rowspan="3" width="220" valign="top">
                <p><font color="deepskyblue" size="6">全部歌手</font></p>
                ...
            </td>
            <td align="center" width="195">
                <img src="image/刘若英.jpg"/>
                <p>刘若英</p>
            </td>
```

```
                    ...
                </tr>
                <tr>
                    <td align="center">
                        <img src="image/dido.jpg"/>
                        <p>Dido</p>
                    </td>
                    ...
                </tr>
                ...
        </table>
    </body>
</html>
```

注意

由于第1行第1列跨越了3行，所以第2行、第3行只有5列，比第1行少了1列。

运行上述代码的效果如图3-5所示。

图3-5　添加网页左侧部分运行效果图

任务小结

通过制作"蓝梦音乐网"歌手网页，初步认识了表格。表格由若干行构成，每一行又可以分成若干单元格。网页中的图片、文本、列表等元素就可以放置在单元格中，成为单元格中的内容。

通过设置单元格（<td>）标签的rowspan属性实现行合并，通过设置colspan属性实现列合并。行、列合并能使用户设计特殊需求的表格。

通过使用表格，能使用户设计的网页画面整洁、美观。

独立训练 3-1 制作"时空电影网"中国电影页面

任务描述

中国电影栏目是"时空电影网"五大栏目之一，为了让广大网民了解中国电影情况，需要制作中国电影网页，该网页需要展示最新热播和排行榜，制作出来的效果如图3-6所示。

图 3-6　中国电影网页效果图

任务分析

通过分析，完成中国电影网页需要如何规划设计表格？请填写下表。

实施准备

在HBuilder中打开已创建的movieProject项目，在项目中创建task3-1文件夹，在该文件夹中创建china.html。

任务实施

① 制作电影节网页，需要完成哪些主要步骤，请填写下表。

② 根据任务要求，编写china.html代码。

引导训练 3-2 制作"蓝梦音乐网"注册页面

任务描述

用户注册是"蓝梦音乐网"一个最重要的功能，通过用户注册，用户可以成为该网站的会员，享受会员服务。设计该网页的具体要求如下：

① 使用表格布局该网页；

② 在网页的顶部加上该网站的 LOGO；

③ 使用表单实现用户输入。

该网页的效果如图 3-7 所示。

图 3-7 "蓝梦音乐网"注册页面效果图

任务分析

从展示的注册页面效果图看，该网页用表格实现了网页布局，使网页显示整洁有序，美观大方；用表单实现用户输入，操作方便，交互性强。根据分析，完成本任务需要掌握如下内容：

➤ 设计表格框架。

➤ 设置表格 border、cellspacing 和 cellpadding 属性。

➤ 添加表单。

➤ 添加文本字段、密码字段、文件域、单选按钮、Email、下拉列表、复选框、文本域、提交按钮和重置按钮等常见的表单元素。

实施准备

在HBuilder中打开musicProject项目，并在项目中创建task3-2文件夹。本次引导训练所创建的文件在该文件夹中。

任务实施

1．设计用户注册页面表格

在HTML中使用表格时，首先要设计表格的框架，即确定表格的行数和列数；其次设置表格的属性，如表格在整个网页中的位置、网页边框的颜色、单元格的间距和填充等。

下面首先学习表格的border、cellspacing、cellpadding属性。这些属性所表示的含义如图3-8所示。

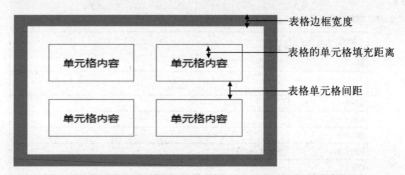

图 3-8　表格的 border、cellspacing、cellpadding 属性所表示的含义

为实现图3-7中表格，在task3-2文件夹中创建task3-2-1.html，编写如下代码：

```html
<!DOCTYPE html>
<html>
    <head>
        <meta charset="utf-8">
        <title></title>
    </head>
    <body>
        <table border="20"bordercolor="red"cellpadding="20"
cellspacing="30">
            <tr>
                <td>单元格内容</td>
                <td>单元格内容</td>
            </tr>
            <tr>
                <td>单元格内容</td>
                <td>单元格内容</td>
            </tr>
        </table>
    </body>
</html>
```

　　根据对用户注册页面的效果图分析，表格应设计为12行×2列的表格，其中第1行、第2行和第12行应进行列合并。注册页面表格的属性设置如表3-4所示。

表3-4　用户注册页面表格属性设置

属　　性	属　性　值	说　　明
align	center	表格在网页中居中显示
width	80%	表格在网页中总是占居 80% 的宽度
border	1	表格的边框宽度为 1 px
bordercolor	grey	表格的边框颜色为灰色（grey）
cellspacing	0	表格的单元格间距为 0 px
cellpadding	5	表格的单元格填充距离为 5 px

　　左右两列的宽度比列为3∶7，则可设置左边列的width属性为30%，右边列的width属性为70%。

　　为实现上述要求，在task3-2文件夹中创建register.html，编写的代码如下：

```
<!DOCTYPE html>
<html>
    <head>
        <meta charset="utf-8">
        <title></title>
    </head>
    <body>
        <table width="80%" align="center" border="1" bordercolor="grey"
cellspacing="0" cellpadding="5">
            <tr>
                <td align="left" colspan="2"></td>
            </tr>
            <tr>
                <td align="center" colspan="2"></td>
            </tr>
            <tr>
                <td width="30%"></td>
                <td width="70%"></td>
            </tr>
            <tr>
                <td width="30%"></td>
                <td width="70%"></td>
            </tr>
            <tr>
                <td width="30%"></td>
                <td width="70%"></td>
            </tr>
            </tr>
```

```
        <tr>
            <td width="30%"></td>
            <td width="70%"></td>
        </tr>
        <tr>
            <td width="30%"></td>
            <td width="70%"></td>
        </tr>
        <tr>
            <td width="30%"></td>
            <td width="70%"></td>
        </tr>
        <tr>
            <td width="30%"></td>
            <td width="70%"></td>
        </tr>
        <tr>
            <td width="30%"></td>
            <td width="70%"></td>
        </tr>
        <tr>
            <td width="30%"></td>
            <td width="70%"></td>
        </tr>
        <tr>
            <td colspan="2"align="center"> </td>
        </tr>
    </table>
</body>
</html>
```

运行上述代码效果如图3-9所示。

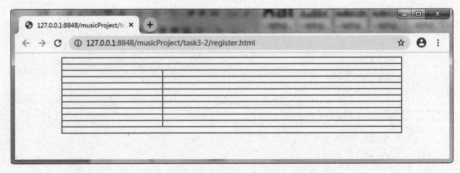

图 3-9　用户注册页面的表格布局效果图

2．添加注册页面表单

在 HTML 中，使用 `<form>` 标签来创建一个表单。表单的使用格式如下：

```
<form name="表单名" method="传送方式" action="表单处理程序">
    表单元素
</form>
```

表单常用属性如表 3-5 所示。

表 3-5　表单常用属性

属　　性	说　　明
name	设置识别表单的名称，为了防止表单在提交到后台处理程序时出现混乱，需要设置一个与表单功能相符的名称
method	设置提交表单时所用 HTTP 方法。提交方法有 get 和 post 两种。 （1）get：使用该方法时，表单数据会附加在 URL 之后，由客户端直接发送到服务器，所以速度比 post 方法快，但缺点是数据长度不能太长。没有指定 method 时，默认值是 get。 （2）post：使用该方法时，表单数据是作为一个数据块与 URL 分开发送的，所以通常没有数据长度上的限制，缺点是速度比 get 慢
action	设置提交表单的地址。当用户单击表单上的提交按钮后，客户端的数据就会发送到服务器端的地址，由服务器端的处理程序接收数据并进行处理

在用户注册页面中，由于需要传输的数据比较多，所以使用 post 方法，设置表单的名称为 register。设置提交表单的地址为 register.jsp。修改 register.html，修改代码如下：

```
...
<form name="register" action="register.jsp" method="POST">
        <table width="80%" align="center" border="1" bordercolor="grey"
cellspacing="0" cellpadding="5">
    ...
</form>
...
```

由于表单不是可视化的 HTML 元素，所以运行上述代码时，不会出现新的效果。

3．添加注册页面表单元素

HTML 表单元素包括 input（输入）元素、select（下拉列表）元素、button（按钮）元素、textarea（文本域）元素。HTML 5 表单又增加了 datalist（数据列表）、output（输出）等元素。在添加表单元素时，需要把这些元素都放在 `<form>` 成对标签的内部。

input 元素根据类型不同又分为 text（文本字段）、password（密码字段）、radio（单选按钮）等，不同的元素类型是通过设置 type 属性实现的。

HTML 和 HTML 5 中 input 元素的 type 属性类型如表 3-6 和表 3-7 所示。

表 3-6　HTML input 元素的 type 属性类型

type 属性类型	说　　明
text	文本字段
password	密码字段，用户输入时不显示具体内容，以 * 代替

type 属性类型	说　明
radio	单选按钮
checkbox	复选框
button	普通按钮
submit	提交按钮
reset	重置按钮
hidden	隐藏字段，隐藏字段不需要在页面中显示，主要用来传递一些参数
file	文件域

表 3-7　HTML 5 input 元素的 type 属性类型

type 属性类型	说　明
date	日期的输入字段
time	时间的输入字段
datetime	日期时间的输入字段
month	年份、月份输入字段
color	颜色输入字段
email	邮件地址输入字段
range	范围输入字段
search	搜索字段
url	URL 地址的输入字段

1）添加文本字段

文本字段用于创建单行文本输入框，供用户输入单行文本信息。当把<input>元素的 type 设置为 text 时，就可以创建文本字段输入元素。该元素的使用格式如下：

```
<input type="text" name="名称" size="长度" maxlength="最大长度"
value="默认值">
```

在"蓝梦音乐网"注册页面中，需要输入的用户名是文本字段，设置该元素的名称为 username，在已设计好的表格单元格中输入 logo、用户注册标题、用户名提示和文本字段，修改 register.html，修改代码如下：

```
...
<table width="80%" align="center" border="1" bordercolor="grey"
cellspacing="0" cellpadding="5">
        <tr>
            <td align="left" colspan="2">
                <img src="image/logo.png"/>
            </td>
        </tr>
```

```
    <tr>
        <td align="center" height="40" colspan="2">
            <font size="5" color="deepskyblue"><b>用户注册</b></font>
        </td>
    </tr>
    <tr>
        <td width="30%">
            <b>用户名：</b>
        </td>
        <td width="70%">
            <input  name="username" type="text">
        </td>
    </tr>
...
```

运行上述代码，效果如图 3-10 所示。

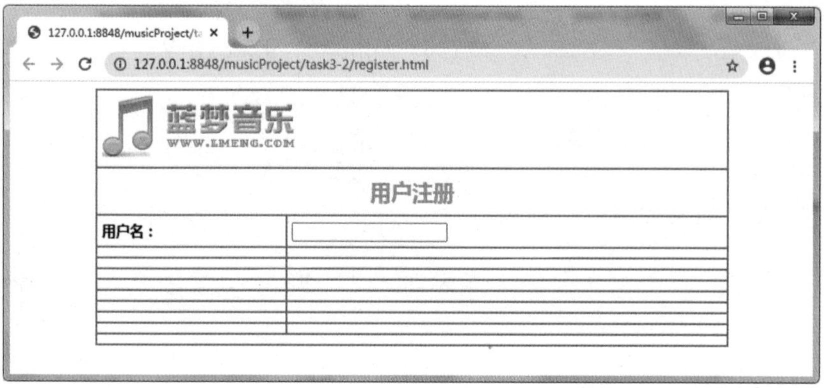

图 3-10　添加 Logo、用户注册标题和文本字段运行效果图

2）添加密码字段

密码字段与文本字段一样是一个单行文本框，不同的是在用户输入时不显示具体内容，而是用 * 代替。当把 <input> 元素的 type 设置为 password 时，就可以创建密码字段输入元素。该元素的使用格式如下：

```
<input type="password" name="名称" size="长度" maxlength="最大长度"
value="默认值">
```

在"蓝梦音乐网"注册页面中，需要输入的密码和确认密码是密码字段，设置这两个元素的名称分别为 password（密码）和 passwordagain（确认密码），修改 register.html，修改代码如下：

```
...
<tr>
    <td width="30%">
        <b>用户名：</b>
    </td>
```

```
    <td width="70%">
        <input name="username" type="text">
    </td>
</tr>
<tr>
    <td width="30%">
        <b>密码：</b>
    </td>
    <td width="70%">
        <input name="password" type="password"/>
    </td>
</tr>
<tr>
    <td width="30%">
        <b>确认密码：</b>
    </td>
    <td width="70%">
        <input name="passwordagain" type="password"/>
    </td>
</tr>
...
```

运行上述代码，效果如图3-11所示。

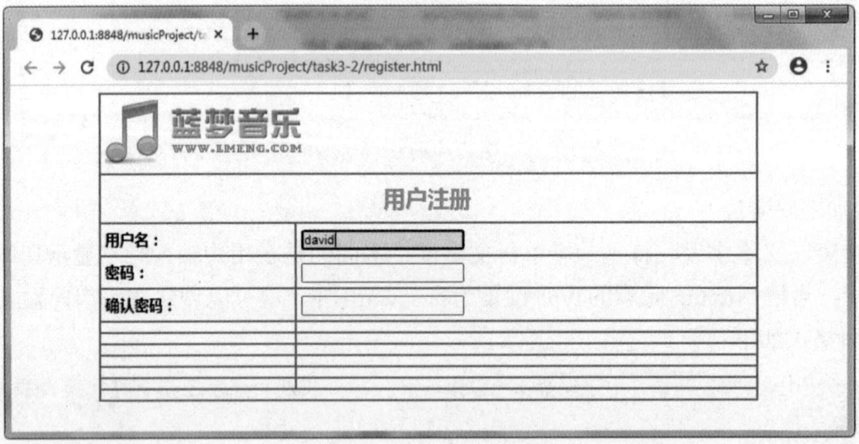

图 3-11　添加密码字段运行效果图

3）添加文件域

在HTML中有时需要上传头像、发送文件，这时需要使用文件域。当把<input>元素的type设置为file时，就可以创建文件域输入元素。该元素使用格式如下：

```
<input type="file" name="名称">
```

在"蓝梦音乐网"注册页面中要求上传用户的头像，需要使用文件域，设置该元素的名称为myPhoto，修改register.html，修改代码如下：

```
...
<tr>
    <td width="30%">
        <b>确认密码：</b>
    </td>
    <td width="70%">
        <input name="passwordagain" type="password"/>
    </td>
</tr>
<tr>
    <td width="30%">
        <b>我的头像：</b>
    </td>
    <td width="70%">
        <input type="file" name="myPhoto">
    </td>
</tr>
...
```

运行上述代码，效果如图3-12所示。

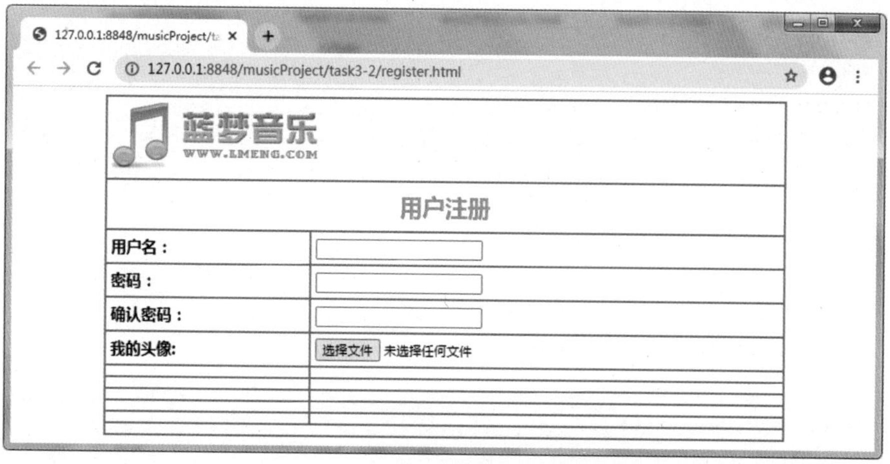

图 3-12　添加文件域字段运行效果图

4）添加单选按钮

单选按钮用于从一组相互排斥的值中选择唯一值。组中每个单选按钮应具有相同的名称，用户每次只能选择一个选项。当把<input>元素的type设置为radio时，就可以创建单选按钮输入元素。该元素的使用格式如下：

```
<input type="radio"其他属性值>
```

单选按钮的其他属性如表3-8所示。

表 3-8　单选按钮属性

属　性	说　明
checked	设置此属性，该单选按钮被选中
name	设置单选按钮的名称
value	设置单选按钮的值

在"蓝梦音乐网"注册页面中要求输入用户的性别，需要使用单选按钮，设置该元素的名称为gender。修改register.html，修改代码如下：

```
...
<tr>
    <td width="30%">
        <b>我的头像:</b>
    </td>
    <td width="70%">
        <input type="file" name="myPhoto">
    </td>
</tr>
<tr>
    <td width="30%">
        <b>性别：</b>
    </td>
    <td width="70%">
        <input type="radio" name="gender" checked="">男
        <input type="radio" name="gender">女
    </td>
</tr>
...
```

运行上述代码，效果如图3-13所示。

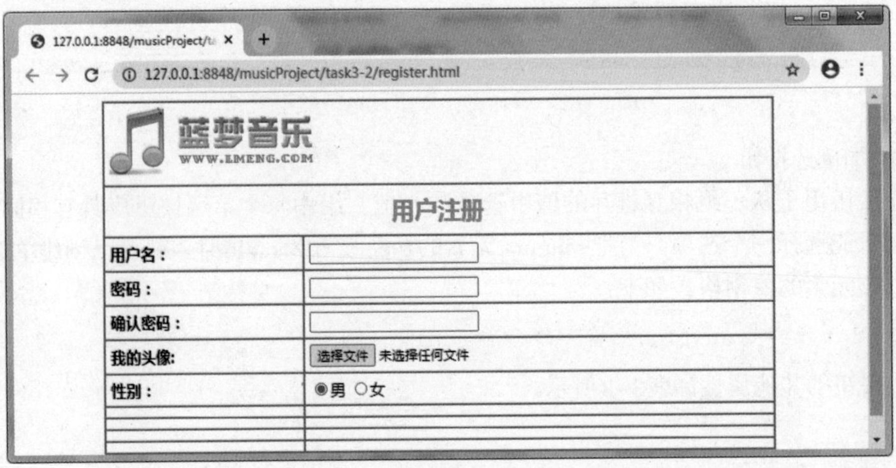

图 3-13　添加单选按钮运行效果图

5）添加邮件地址

邮件类型元素 email 是 HTML 5 表单输入类型，包含了 E-mail 地址的输入域。如果浏览器支持，能够在被提交时自动对电子邮件地址进行验证。当把 <input> 元素的 type 设置为 email 时，就可以创建邮件地址输入元素。该元素的使用格式如下：

```
<input type="email"name="名称">
```

在"蓝梦音乐网"注册页面中要求输入用户的邮件地址，需要使用 email，设置该元素的名称为 email。修改 register.html，修改代码如下：

```
...
<tr>
    <td width="30%">
        <b>性别：</b>
    </td>
    <td width="70%">
        <input type="radio" name="gender" checked="">男
        <input type="radio" name="gender">女
    </td>
</tr>
<tr>
    <td width="30%">
        <b>Email: </b>
    </td>
    <td width="70%">
        <input name="email" type="email"/>
    </td>
</tr>
...
```

运行上述代码，效果如图 3-14 所示。

图 3-14　添加 email 元素运行效果图

6）添加下拉列表

下拉列表用于选择输入，当选中一个选项时，该选项将高亮显示，通过组合 select 元素和 option 元素就能够创建下拉列表。该元素的使用格式如下：

```
<select 属性="属性值">
    <option value="">提示文本</option>
    ...
</select>
```

每个 select 必须包含至少一个 option 元素。下拉列表的属性如表 3-9 所示。

表 3-9 下拉列表 select 属性

属　　性	说　　明
name	设置下拉列表的名称
size	在有多行选项供用户滚动查看时，size 确定列表中能同时查看到的行数
multiple	设置在列表中可以选择多项。通过鼠标左键和【Shift】键能连续选择多项；通过鼠标左键和【Ctrl】键能间隔选择多项

在"蓝梦音乐网"注册页面中要求用户输入自己最喜欢的乐器曲目，需要使用下拉列表，设置该元素的名称为 instrument。修改 register.html，修改代码如下：

```
...
<tr>
    <td width="30%">
        <b>Email：</b>
    </td>
    <td width="70%">
        <input name="email" type="email"/>
    </td>
</tr>
<tr>
    <td width="30%">
        <b>您最喜欢的乐器曲目：</b>
    </td>
    <td width="70%">
        <select name="instrument">
                <option value="钢琴曲">钢琴曲</option>
                <option value="小提琴">小提琴</option>
                <option value="萨克斯">萨克斯</option>
                <option value="二胡">二胡</option>
                <option value="古筝">古筝</option>
                <option value="竖琴">竖琴</option>
                <option value="葫芦丝">葫芦丝</option>
        </select>
    </td>
```

```
</tr>
...
```

运行上述代码，效果如图3-15所示。

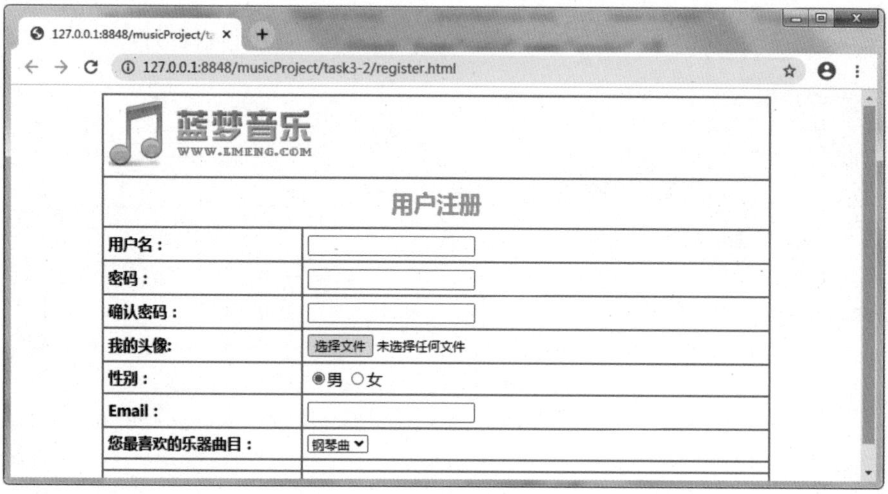

图 3-15　添加下拉列表运行效果图

7）添加复选框

复选框允许用户在有限数量的选项中选择零个或多个选项。当把<input>元素的type设置为checkbox时，就可以创建复选框输入元素。该元素的使用格式如下：

```
<input type="checkbox" name="名称" value="值">复选框提示
```

复选框的checkbox属性如表3-10所示。

表 3-10　复选框 checkbox 属性

属　性	说　明
name	设置复选框的名称
value	设置复选框提交的值
checked	设置复选框被选中

在"蓝梦音乐网"注册页面中要求用户选择自己喜欢的音乐风格，需要使用checkbox，本网页有7种音乐风格，需要创建7个复选框，修改register.html，修改代码如下：

```
...
<tr>
    <td width="30%">
        <b>您最喜欢的乐器曲目：</b>
    </td>
    <td width="70%">
        <select name="instrument">
            <option value="钢琴曲">钢琴曲</option>
            <option value="小提琴">小提琴</option>
```

```
            <option value="萨克斯">萨克斯</option>
            <option value="二胡">二胡</option>
            <option value="古筝">古筝</option>
            <option value="竖琴">竖琴</option>
            <option value="葫芦丝">葫芦丝</option>
        </select>
    </td>
</tr>
<tr>
    <td width="30%">
        <b>您喜欢的音乐风格：</b>
    </td>
    <td width="70%">
        <input type="checkbox" name="interest1" value="纯净">纯净
        <input type="checkbox" name="interest2" value="唯美">唯美
        <input type="checkbox" name="interest3" value="舒缓">舒缓
        <input type="checkbox" name="interest4" value="慢摇">慢摇
        <input type="checkbox" name="interest5" value="青春">青春
        <input type="checkbox" name="interest6" value="伤感">伤感
        <input type="checkbox" name="interest7" value="劲爆">劲爆
    </td>
</tr>
...
```

在已设计好的表格中选择自己喜欢的音乐风格提示和复选框，网页运行效果如图3-16所示。

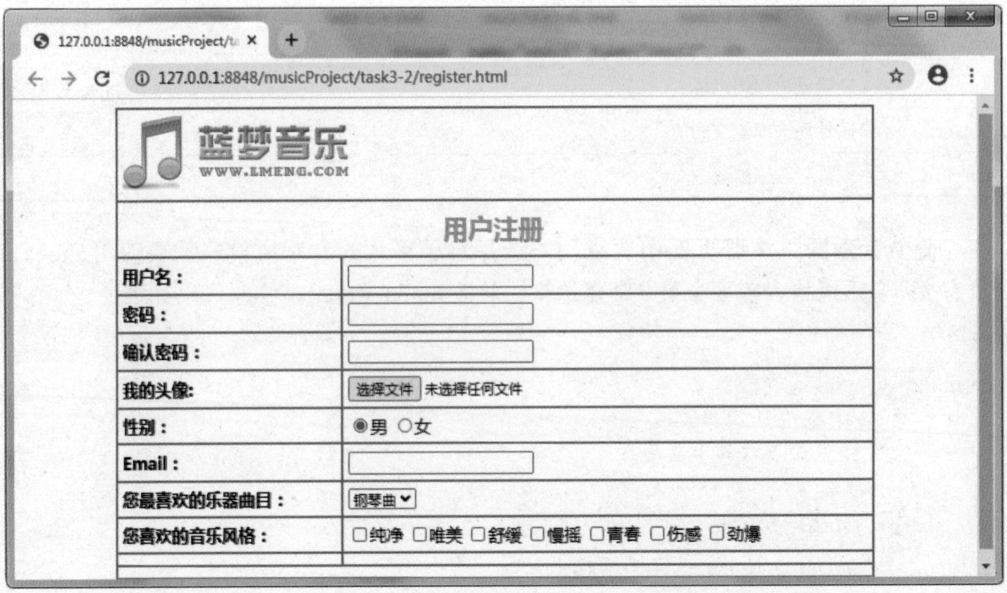

图 3-16　添加复选框运行效果图

8）添加文本域

文本域是一个多行文本输入元素。使用textarea元素即可创建文本域。该元素的使用格式如下：

```
<textarea 属性="属性值">文本域的初始文本</textarea>
```

文本域的属性如表3-11所示。

表3-11 文本域 textarea 属性

属性	说　　明
name	设置文本域的名称
rows	设置文本域的行数
cols	设置文本域的列数

在"蓝梦音乐网"注册页面中要求用户备注信息，需要使用textarea元素，设置该元素的名称为remark。修改register.html，修改代码如下：

```
...
<tr>
    <td width="30%">
        <b>您喜欢的音乐风格：</b>
    </td>
    <td width="70%">
        <input type="checkbox" name="interest1" value="纯净">纯净
        <input type="checkbox" name="interest2" value="唯美">唯美
        <input type="checkbox" name="interest3" value="舒缓">舒缓
        <input type="checkbox" name="interest4" value="慢摇">慢摇
        <input type="checkbox" name="interest5" value="青春">青春
        <input type="checkbox" name="interest6" value="伤感">伤感
        <input type="checkbox" name="interest7" value="劲爆">劲爆
    </td>
</tr>
<tr>
    <td width="30%">
        <b>备注信息：</b>
    </td>
    <td width="70%">
        <textarea name="remark" cols="85" rows="7"></textarea>
    </td>
</tr>
...
```

运行上述代码，效果如图3-17所示。

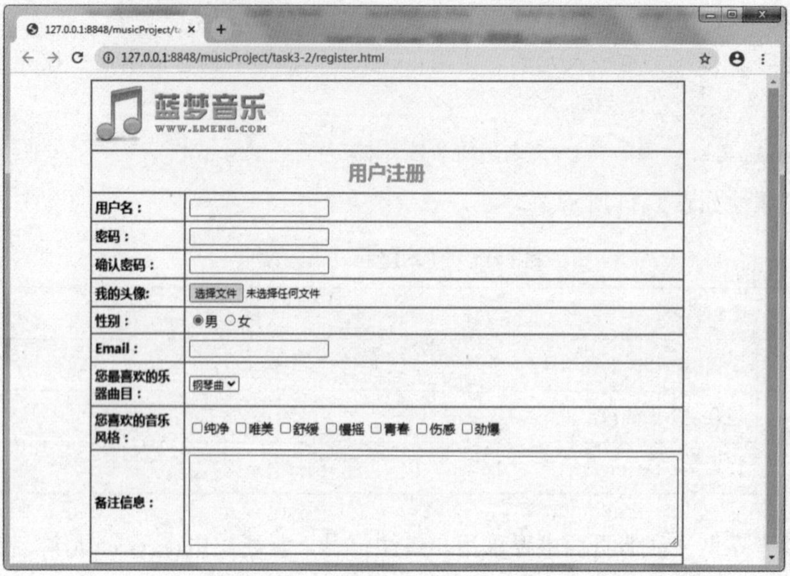

图 3-17　添加文本域运行效果图

9）添加提交按钮与重置按钮

当需要把表单数据提交给表单处理程序时，需要使用提交按钮，当把<input>元素的type设置为submit时，就可以创建提交按钮元素。创建提交按钮的格式如下：

```
<input type="submit" name="名称" value="按钮标题">
```

当需要把表单中所有元素的值重置为初始值时，需要使用重置按钮，当把<input>元素的type设置为reset时，就可以创建重置按钮输入元素。创建重置按钮的格式如下：

```
<input type="reset" name="名称" value="按钮标题">
```

在"蓝梦音乐网"注册页面中要求具备提交表单和重置表单的功能，需要使用submit和reset元素。修改register.html，修改代码如下：

```
……
<tr>
    <td width="30%">
        <b>备注信息：</b>
    </td>
    <td width="70%">
        <textarea name="remark" cols="85" rows="7"></textarea>
    </td>
</tr>
<tr>
    <td colspan="2" align="center">
        <input type="submit" value="提交"/>
        <input type="reset" value="重填"/>
    </td>
</tr>
...
```

运行上述代码，效果如图3-18所示。

图 3-18　添加提交和重置域运行效果图

任务小结

通过制作"蓝梦音乐网"注册网页，进一步认识了表格并学会了使用表单。

表格的border属性用于设置边框，cellspacing属性用于设置单元格间距，cellpadding属性用于设置单元格填充间距。

表单包含文本字段、密码字段、单选按钮、文件域、下拉列表、复选按钮、email、提交按钮和重置按钮等常用表单元素。

表格是一个有效的网页布局工具，能使网页的显示整洁有序，美观大方；表单能方便实现用户输入且操作快捷。

独立训练 3-2　制作"时空电影网"注册页面

任务描述

用户注册是"时空电影网"一个最重要的功能，通过用户注册，用户可以成为该网站的会员，享受会员服务。设计该网页的具体要求如下：

①使用表格布局该网页。

②在网页的顶部加上该网站的LOGO。

③选择各种喜欢的电影类型。

效果如图3-19所示。

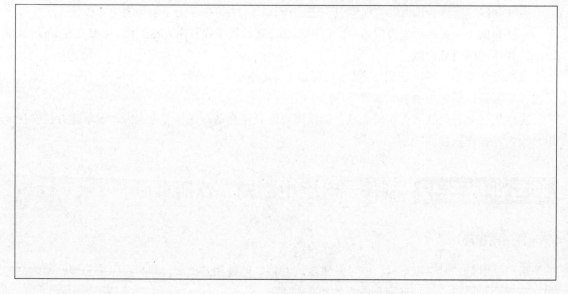

图 3-19　"时空电影网"注册页面效果图

任务分析

通过分析，"时空电影网"注册页面需要使用哪些表单元素？请填写下表。

实施准备

在 HBuilder 中打开已创建的 movieProject 项目，在项目中创建 task3-2 文件夹，创建 register.html 文件。

任务实施

① 完成"时空电影网"注册页面需要完成哪些步骤？请填写下表。

② 编写 register.html 代码。

强化训练

【任务 1】在单元 2 中，曾经设计过音乐节，当时因受知识的限制，设计的页面粗糙，页面布局凌乱。现要求用表格对该页面重新布局，并在网页顶部加上网页 LOGO 和一句广告词。效果如图 3-20 所示。

图 3-20　音乐节网页效果图

【任务2】用户登录是"蓝梦音乐网"一个最重要的功能，用户登录成功，用户就可享受会员服务，下载所需要的音乐。设计该网页的具体要求如下：

①使用表格布局该网页。

②在网页的顶部加上该网站的LOGO。

③在文本字段中设置提示文本。

完成后该网页的效果如图3-21所示。

图 3-21　"蓝梦音乐网"注册页面效果图

单元练习

1．在网页设计中，表格最主要的功能是什么？

2．如何实现行合并，如何实现列合并？

3．如何设置单元格的间距？如何设置单元格的填充距离？

4．表单的主要功能是什么？常用的表单元素有哪些？

单元4

使用CSS

CSS（Cascading Style Sheet，层叠样式表）是一种用来表现HTML、XML等文件样式的计算机语言。

与使用HTML的格式化标签和设置HTML属性去美化网页相比，CSS实现了内容与格式分离，使得网页设计方便，网页更新灵活，提高了网站开发的工作效率。另外，CSS具有丰富的属性，使得网页页面丰富多彩，更加美观。

在本单元中，学生通过教师引导或在线学习完成美化"蓝梦音乐网"音乐节网页，学会美化文本和图片；完成美化"蓝梦音乐网"用户注册网页，学会美化表格和控件。然后独立完成美化"时空电影网"电影节网页和用户注册网页，巩固必备的知识与技能。

教学目标	☑ 学会 CSS 的语法 ☑ 学会创建常用的 CSS 选择器 ☑ 学会 CSS 应用的方式 ☑ 学会美化文本 ☑ 学会美化图片 ☑ 学会美化表格 ☑ 学会美化表单元素
教学模式	☑ 线上线下混合式教学 ☑ 理实一体教学
教学方法	☑ 示范教学法 ☑ 任务驱动法
课时建议	8 课时

引导训练 4-1　使用 CSS 美化"蓝梦音乐网"音乐节页面

任务描述

前面单元中已用HTML网页标签自带的属性和格式化标签美化过音乐节网页，大部分标签都要设置一系列的属性，大部分元素都要运用格式化标签，导致代码编写产生了大量重复工作，工作量大；网页更新工作很烦琐，一个HTML文档包含许多个标签，更新标签需要在HTML文档中去重新设置一系列标签属性，很容易遗漏；设计出来的网页画面也显得粗糙。使用CSS能解决上述问题，因此下面使用CSS美化音乐节网页。制作效果如图4-1所示。

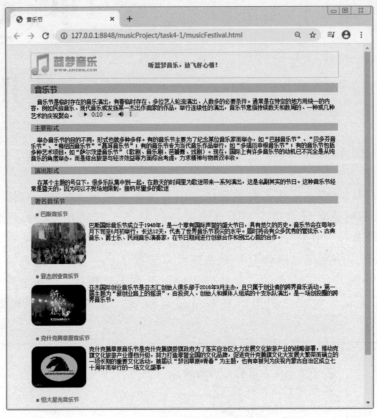

图 4-1　音乐节网页效果图

任务分析

从展示的音乐节网页效果看，网页整体显得整洁、美观大方。为提高网页的开发效率和达到该网页显示的效果，使用CSS设计音乐节网页。根据分析，完成本任务需要掌握如下内容：

- CSS的语法。
- CSS选择器。
- 应用CSS的方式。
- 美化文本。
- 美化图片。

实施准备

在HBuilder中打开已创建的musicProject项目，并在项目中创建task4-1文件夹，把task2-2文件夹中的子文件夹和musicFestival.html文件复制到新创建的文件夹中。本次引导训练将对musicFestival.html文件进行修改操作。

任务实施

1. 使用表格布局音乐节网页

之前设计的音乐节网页粗糙、布局凌乱。为了让该网页显示整洁有序，本任务使用表格对该网页布局。修改 musicFestival.html，添加表格布局的代码，修改代码如下：

```
...
<body>
    <table border="0" width="1000" align="center">
        <tr>
            <td>
                ...
            </td>
        </tr>
    </table>
  </body>
<html>
```

运行上述代码，效果如图4-2所示。

图 4-2　添加表格布局后音乐节网页运行效果图

2. 美化音乐节网页文本

本任务使用CSS美化音乐节网页文本。网页是由内容和格式组成的，网页的标题、段落、图片等是内容，段落的字体、大小、颜色等就是格式。应用样式表就是控制网页的格式。

资料馆

CSS的发展简史

HTML最初只包含很少的显示属性，随着HTML的快速发展，HTML添加了更多的显示功能，使得HTML越来越臃肿，文档修改起来很烦琐。于是人们着手寻找解决这个问题的方法。

1994年，哈坤·利在芝加哥的一次会议上第一次提出了CSS的建议，当时波特·波斯正在设计一款命名为Argo的浏览器，于是他们决定共同设计CSS。

1995年，CSS在WWW网络会议上又一次被提出，哈坤·利和波特·波斯共同展示了Argo浏览器相互支持CSS案例。

1996年底，CSS初稿完成，同年12月，CSS1标准完成并成为W3C的推荐标准。

1997年初，W3C内组织了专管CSS的工作组，负责人为克里斯·理雷，他们共同探讨内容与表现效果分离的方式。1998年5月，CSS2标准完成并予以推荐。

1999年，开始定制CSS3，使CSS向模块化方向发展。2001年5月，W3C完成CSS3的工作草案，主要内容包括盒子模型、列表模块、边框、文字特效等。CSS3提供了一些新的特性和功能，减少了网页的开发与维护成本，提升了网页的性能。

1）熟悉CSS的基本语法

CSS 规则由两部分构成：选择器和声明。语法如下：

选择器{声明1；声明2；…；声明n}

例如，要在HTML标记中定义h1样式，设置该样式的颜色（color）为红色（red），字体大小（font-size）为14 px。定义的样式代码及标识如图4-3所示。

图 4-3　样式代码及标识

选择器是需要改变样式的HTML元素。CSS中有多种类型的选择器，常用的类型如表4-1所示。

表 4-1　常用 CSS 选择器类型

名　称	说　明	示　例
元素选择器	选择器是某个 HTML 元素，如 p、img、h1 等	p{font-family: 宋体；color：red}
ID 选择器	ID 选择器允许以一种独立于文档元素的方式来指定样式，ID 选择器前面有一个 # 号	#desc{color:red;font-size:14px}
类选择器	类选择器允许以一种独立于文档元素的方式来指定样式，类选择器前面有一个 . 号	.para{color:red;font-size:14px}

续表

名　　称	说　　明	示　　例
群组选择器	多个选择器组合在一起，共用相同的属性，选择器之间用逗号分隔	p,h1,h2{font-family: 宋体 ；color ：red}
包含选择器	又称后代选择器，该选择器可以选择作为某元素后代的元素。选择器之间用空格分隔	h1 strong{color:red;}
子元素选择器	子元素选择器只能选择某元素的子元素应用样式，元素与子元素之间用"＞"分隔	h1>strong{color:red;}
相邻兄弟选择器	如果需要选择紧接在另一个元素后的元素，而且二者有相同的父元素，可以使用相邻兄弟选择器，两个元素之间用"＋"分隔	h1+p{color:red;}
通配选择器	"＊"即为通配选择器，在 CSS 中代表所有	*{font-family:}
伪类	CSS 伪类用于向某些选择器添加特殊的效果，其语法格式为： 选择器 ：伪类 { 属性 ：属性值 }	a:link {color: #FF0000}
伪元素	CSS 伪元素用于向某些选择器添加特殊的效果，其语法格式为： 选择器 ：伪元素 { 属性 ：属性值 }	p:firstline{color:red;}
属性选择器	可以为拥有指定属性的 HTML 元素设置样式，属性需要用"[]"括起来	input[type="text"]{ width:150px;display:block;}

声明包括属性和1至多个属性值，语法如下：

属性：属性值 1 属性值 2 …

属性值之间用空格分隔，声明之间用英文分号分隔。常用的 CSS 属性如表4-2所示。

表4-2　常用 CSS 属性

属　　性	CSS 名称	说　　明
字体属性	font-family	设置或检索文本的字体
	font-size	设置或检索文本字体的大小
	font-style	设置或检索文本的字体样式，即字体风格，主要设置字体是否为斜体。取值范围：normal | italic | oblique
	font-weight	用于设置字体的粗细，取值范围：normal | bold | bolder | lighter | number
颜色及背景属性	color	设置文本的颜色
	background-color	设置背景颜色
	background-image	设置元素的背景图像
文本属性	text-align	设置文本的对齐方式，如：左对齐、右对齐、居中对齐、两端对齐
	text-indent	设置文本第一行的缩进量，取值可以是一个长度或一个百分比
	vertical-align	设置文本的纵向位置
	line-height	设置文本的行高
边框属性	border-style	设置边框的样式
	border-width	设置边框的宽度
	border-color	设置边框的颜色
	border-left	设置左边框的属性

属　　性	CSS 名称	说　　　　明
	width	设置元素的宽度
	height	设置元素的高度
	left	定位元素的左边距
	top	定位元素的顶边距
尺寸及定位	position	设定浏览器如何来定位元素，absolute 表示绝对定位，需要同时使用 left、right、top、bottom 等属性进行绝对定位
	z-index	设置层的层叠先后顺序和覆盖关系
	margin	设置外边距
	padding	设置内边距

2）掌握 CSS 的应用方式

根据样式代码的位置不同，可以将样式分为行内样式表、内部样式表和外部样式表。其具体应用如表 4-3 所示。

<p align="center">表 4-3　CSS 的应用方式</p>

名　　称	说　　　　明	示　　　例
行内样式表	放在代码行中，对代码行中某个标签元素应用样式，其格式为： <元素 style=" 属性 ">	<p style="color:red">
内部样式表	放在 \<head> 标签中，对该网页相关元素应用样式，其格式为： \<head> 　\<style type="text/css"> 　// 样式规则 　\</style> \</head>	\<head> 　\<style type="text/css"> 　p{color:red} 　h1{font-size:bold} 　\</style> \</head>
外部样式表	创建外部以 .css 为扩展名的样式文件，在网页文件中链接或导入样式表，对网页的相关文件应用样式。其应用格式为： 1．链接外部样式表： \<head> 　\<link rel="stylesheet" type="text/css" href=" 样式表文件 .css"> \</head> 2．导入样式表 \<head> 　\<style type="text/css"> 　@import 样式表文件 .css 　\</style> \</head>	1．链接外部样式表 \<head> 　\<link rel="stylesheet" type="text/css" href="mystyle.css"> \</head> 2．导入样式表 \<head> 　\<style type="text/css"> 　@import mystyle.css 　\</style> \</head>

3）添加网页文本效果

要使网页的文本美观、丰富多彩，需要多方位对文本进行美化，美化文本工作主要包括选择字体、设置字体的大小和颜色、设置字体的背景和给字体添加边框等。

（1）美化网页的头部

根据对音乐网头部的效果分析，它具有一张 LOGO 图片、一段文字和一个边框，可以把图片作为文本的背景并为文本添加一个边框。为满足上述要求，使用内部样式表并创建一个 ID选择器，该选择器的定义如下：

```
#head
{
  width: 1000px;                          /*设置文本的宽度*/
  height:80px ;                           /*设置文本的高度*/
  text-align: center;                     /*设置文本居中*/
  font-family: 宋体;                      /*设置文本字体*/
  font-size: 16px;                        /*设置文本字体大小*/
  color: blue;                            /*设置文本字体颜色*/
  font-weight: bolder;                    /*设置文本字体粗细*/
  line-height: 80px;                      /*设置段落的行高*/
  border: 1px solid skyblue;              /*给段落添加边框（边框的宽度为1像
素，样式为实线边框，颜色为天蓝色）*/
  background-image: url(image/logo.png);  /*给段落添加图片背景*/
  background-repeat: no-repeat;           /*图片背景横向、纵向不重复*/
}
```

说明

①设置边框时通常需要设置边框的宽度、边框的样式和边框的颜色。边框的样式有许多，比如实线边框（solid）、点状边框（dotted）、虚线边框（dashed）、双线边框（double）、3D凹槽边框（groove）、3D垄状边框（ridge）、3D insert 边框（insert）、3D outset 边框（outset）。

②图片作为背景显示时默认是水平方向、垂直方向重复。通过设置 background-repeat 的值可以实现水平、垂直方向重复。可以设置属性值为 repeat(水平、垂直方向重复)、repeat-x（水平方向重复）、repeat-y（垂直方向重复）、no-repeat（没有重复，背景图像仅显示一次）。

③设置以图片为背景且横向和纵向不重复也可以用如下代码：
background: url(image/logo.png) no-repeat;

修改 musicFestival.html，修改代码如下：

```
...
<head>
...
<style type="text/css">
   #head
   {
       ...
   }
</head>
<body>
```

```
    <table border="0"width="1000"align="center">
    <tr>
        <td>
            <p id="head">听蓝梦音乐，放飞好心情！</p>
        ...
    </body>
```

运行上述代码，效果如图4-4所示。

图 4-4　添加网页头部的运行效果图

（2）美化网页中的标题、列表项和段落

根据对网页中的文本的分析，h1标题有1个，h2标题有3个，列表项有4项，其余的都是段落。为完成对标题、列表项和段落的美化，对于标题，创建h1、h2元素选择器；对于列表项，创建li元素选择器；对应标题下的段落，创建类选择器，其中把h1标题下的段落需应用的选择器的类名命名为desc，列表项下面的段落需应用的选择器的类名命名为content。定义选择器的代码如下：

```
/*设置一级标题样式*/
h1
{
    width:1000px;
    height: 30px;
    font-size:25px;
    color: darkred;
    background-color: lightskyblue;
    line-height: 30px;                      /*设置标题行高*/
    text-indent: 12px;
}
```

```
/*设置二级标题样式*/
h2
{
    width: 1000px;
    heigth:25px;
    font-size: 20px;
    color:darkred;
    background-color: lightskyblue;
    line-height: 25px;
    text-indent: 12px;
}
/*设置三级标题样式*/
li
{
    color: royalblue;
    font-size: 16px;
    font-weight: bold;
    text-indent: 14px;
}
/*设置一二级标题下内容的样式*/
.desc
{
    font-family: 宋体;
    font-size: 16px;
    text-indent: 20px;
    line-height: 20px;
}
/*设置音乐节内容样式*/
.content
{
    font-family: 宋体;
    font-size: 16px;
    line-height: 20px;
    width:1000px;
    height: 160px;
}
```

应用已定义的样式，修改 musicFestival.html，删除横线标签和曾经造成图片错位的换行标签，修改代码如下：

```
...
<body>
<table border="0" width="1000" align="center">
    <tr>
        <td>
            <p id="head">听蓝梦音乐，放飞好心情！</p>
                <h1>音乐节</h1>
```

```
            <h1>音乐节</h1>
            <p class="desc"> ……</p>
            <h2>主要形式</h2>
            <p class="desc"> ……</p>
            <h2>演出形式</h2>
            <p class="desc">……</p>
            <h2>著名音乐节</h2>
            <h3>■ 巴斯音乐节</h3>
            <p class="content">……  </p>
            <h3>■ 亚杰创业音乐节</h3>
            <p class="content">       ……    </p>
            <h3>■ 克什克腾草原音乐节</h3>
            <p class="content">     ……   </p>
            <h3>■ 恒大星光音乐节</h3>
            <p class="content">        ……    </p>
                ……
        </td>
      </tr>
    </table>
</body>
```

运行上述代码，效果如图4-5所示。

图4-5 美化网页标题、列表、段落运行效果图

3．美化网页的图片

图片是网页中最基本的元素，它能使网页呈现的内容图文并茂。CSS 为图片提供了强大的支持。它能设置图片的宽度、高度、图片的边框和图片的透明度等。

根据对音乐节网页效果分析，各著名音乐节对应的图片都是以圆角矩形显示；图片的摆放位置是在各著名的音乐节所在的段落左侧。为此，创建一个包含选择器 .content .image 去定义样式。其 CSS 代码定义如下：

```
.content .image                    /* 两个选择器之间用空格分开 */
{
    width: 180px;
    height: 130px;
    border-radius: 20px;           /* 图片以圆角矩形显示 */
    margin-right: 10px;            /* 图片的右外边距 */
}
```

应用已定义的样式，修改 musicFestival.html 中对应的 img 标签，修改的代码如下：

```
<img class="image" src="image/bathAbbey.jpg" align="left"/>
<img class="image" src="image/亚杰音乐节.jpg" align="left"/>
<img class="image" src="image/克什克腾草原音乐节.jpg" align="left"/>
<img class="image" src="image/恒大星光.jpg" align="left"/>
```

运行上述代码，效果如图 4-6 所示。

图 4-6　美化图片运行效果图

资料馆

美化图片的方法

①给图片添加边框。为完成该功能，需要设置border属性，如下的样式给图片添加了边框宽度为2 px的红色实线边框。

```
img{border:2px solid red;}
```

②给图片添加滤镜。为完成该功能，需要设置filter属性。Filter的取值如下：

filter: none| blur() | brightness() | contrast() | drop-shadow() | grayscale() | hue-rotate() | invert() | opacity() | saturate() | sepia() | url()。如下的样式给图片增加50%的亮度。

```
img{filter:brightness(50%);}
```

为实现音乐节网页中标签的属性都用CSS实现，再创建body、table两个元素选择器，并把对应标签的属性删除。两个元素选择器的CSS代码如下：

```
body
{
    background-image: url(image/bg1.jpg);    /*设置网页的背景/
}
table
{
    border: 0;                        /*设置边框宽度为0*/
    width: 1000px;                    /*设置表的宽度为1000px*/
    margin: 0 auto;                   /*设置表格居中*/
}
```

运行上述代码，效果如图4-7所示。

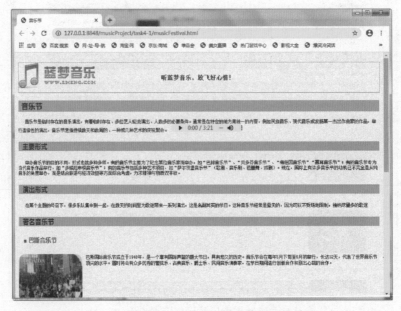

图4-7　应用 body、table 样式的页面效果图

CSS由于实现了内容与格式分离，使得网页设计方便，网页更新灵活，提高了网站开发的工作效率；并且由于CSS具有丰富的属性设置功能，使得网页页面丰富多彩，更加美观。

任务小结

通过美化"蓝梦音乐网"音乐节网页，初步认识了CSS。CSS是层叠样式表的简称，是一种用来表现HTML、XML等文件样式的计算机语言。

在应用CSS美化网页时，首先要创建选择器。常用的选择器有元素选择器、ID选择器、类选择器、群组选择器、包含选择器和子元素选择器；其次要确定CSS应用于网页的方式。根据定义样式代码的位置不同，可以将CSS应用方式分为：行内样式表、内部样式表和外部样式表。

CSS功能强大，提高了网站开发的工作效率，也能使网页页面丰富多彩，更加美观。

独立训练 4-1 使用 CSS 美化"时空电影网"电影节页面

任务描述

在单元二中设计的电影节网页页面布局凌乱，画面粗糙。现在需要使用CSS美化该网页，美化出来的电影节网页效果如图4-8所示。

图4-8 美化电影节效果图

任务分析

通过分析，美化电影节网页，你准备创建哪些选择器？采用哪种方式应用CSS？请填写下表。

实施准备

在HBuilder中打开已创建的movieProject项目，在项目中创建task4-1文件夹，把task2-1文件夹中的子文件夹和movieFestival.html都复制到该文件夹。

任务实施

①完成电影节网页，需要完成哪些主要步骤，请填写下表。

②按任务要求更新movieFestival.html的代码。

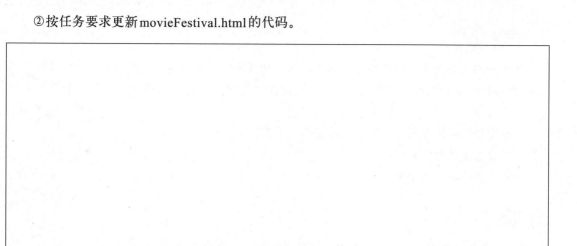

引导训练 4-2 美化"蓝梦音乐网"注册页面

任务描述

之前设计的"蓝梦音乐网"注册页面有些粗糙，需要修改时比较烦琐。主要表现在如下几方面：

①表格边框有点粗，不美观；

②针对单元格设置了一系列属性，当需要修改时比较烦琐；

③表单元素显示不美观；

④整个页面的文字不美观；

⑤在标签内设置标签的属性，需要修改时比较烦琐。

下面使用CSS对注册页面进行美化，实现的效果如图4-9所示。

图4-9 美化"蓝梦音乐网"注册页面效果图

任务分析

从展示的注册页面效果图看，该网页使用了细线边框，在网页的头部加了一句广告词，对网页文字和表单元素进行了美化，当鼠标悬停在某行时，该行的背景和文字会产生变色的效果。根据分析，完成本任务需要掌握以下内容：

➢ 创建外部样式表文件，并把所需要的样式都存放在该文件中；

➢ 创建选择器美化表格；

➢ 创建选择器美化表单元素。

实施准备

在 HBuilder 中打开已创建的 musicProject 项目，并在项目中创建 task4-2 文件夹。把 task3-2 文件夹中的子文件夹和 register.html 文件复制至该文件夹中。

任务实施

1．创建外部样式表文件

行内样式和内嵌样式的实现代码是在直接存放在网页文件中，样式只对该网页起作用。但是在开发网站时，希望多个网页甚至整个网站都采用同样的样式，这时候该怎么办？创建外部样式表文件就可以解决该问题。

1）创建外部样式表文件

在 task4-2 文件夹中创建 CSS 文件夹，在该文件夹中创建 musicSite.css 样式文件。register.html 文件所需要的样式都创建在该文件中。

2）链接外部样式表文件

外部样式表文件创建好之后，就可以使用 <link> 标签链接外部样式文件，建立样式文件和网页的关联。<link> 标签必须放在 <head> 区域内，其语法格式为：

```
<head>
…
    <link rel="stylesheet" type="text/css" href="样式表文件.css"/>
</head>
```

在注册页面 register.html 文件中，需要使用已创建的 musicSite.css 样式文件，修改 <head> 区域，链接外部样式文件，具体代码如下：

```
<head>
    <meta charset="utf-8">
    <title>用户注册</title>
    <link rel="stylesheet" type="text/css" href="css/musicSite.css"/>
</head>
```

说明

　　①在一个网页中，当行内样式表、内部样式表和外部样式表都存在时，对同一标签属性应用样式，行内样式表优先级最高，其次是内部样式表，外部样式表优先级最低。

　　②在网页中，还可以使用@import方法导入样式表，其使用格式如下：

```
<head>
    ...
    <style type="text/css">
        @import 样式表文件.css    /*@import 声明必须在样式表定义的开始部分，其他
选择器都要定义在@import 声明之后*/
        选择器{声明1；声明2；}
        ...
    </style>
</head>
```

2．美化表格

在美化表格时，可以设置表格的边框样式，单元格的背景、宽度、高度和单元格内的文本样式等。

1）设置整个表格的样式

根据对注册页面效果图的分析，整个表格在页面居中并占用了部分页面，按整个页面的60%设置表格的宽度；表格是细线边框，设置表格的border-collapse属性为collapse，即设置表格的边框为一个单线边框（表格默认是双线边框）；边框的宽度为1 px的实线灰色边框。为此，可以创建1个元素选择器table和1个群组选择器"table,td"实现上述要求。具体CSS代码如下：

```
/*整个表格的样式*/
table
{
    border-collapse: collapse;     /*细线边框*/
    width: 60%;                    /*表格宽度占整个页面宽度的60%*/
    margin: 0 auto;                /*表格居中*/
}
/*表格和单元格的边框样式*/
table,td                           /*群组选择器*/
{
    border: 1px solid gray;        /*设置表格和单元格的边框样式*/
}
```

修改register.html，删除该文件<table>标签中的属性，运行程序，效果如图4-10所示。

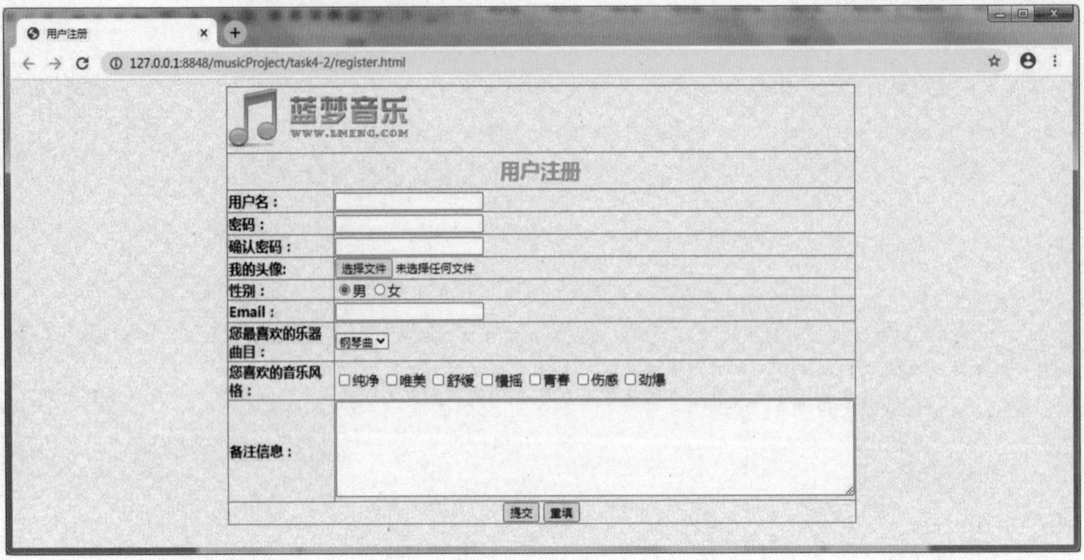

图 4-10　设置表格样式的效果图

2）设置单元格样式

根据对注册页面效果图的分析，不同的单元格有不同的效果，总体上可以划分为以下4种情况。

①网页头部单元格。该单元格有一张图片和一句广告词"听蓝梦音乐，放飞好心情！"，为便于处理，把图片设置为该单元格的背景并设置该单元格的高度为80 px。单元格内的文本也按需求设置相关的样式。为此，创建一个结合元素的类选择器td.head实现上述要求。CSS代码如下：

```
/*网页头部单元格样式*/
td.head                        /*结合元素的类选择器*/
{
    background: url(../image/logo.png) left no-repeat;   /*单元格的背景*/
    height: 80px;                                        /*单元格的高度*/
    text-align: center;                                  /*水平居中*/
    vertical-align: middle;                              /*垂直居中*/
    font-family:"微软雅黑";
    font-weight: bold;
    font-size: 20px;
    color: darkblue;
}
```

②表格标题单元格。本表格的标题为"用户注册"，需要设置该单元格文本的样式。为此，创建一个结合元素的类选择器td.title实现上述要求。CSS代码如下：

```
/*表格标题样式*/
td.title
{
    font-family:"微软雅黑";
```

```
    font-size: 30px;
    font-weight: bold;
    color: #89b52a;
    text-align: center;
}
```

③表格左侧单元格。该表格总体分为左、右两列，其中左侧单元格的文本为表单元素的提示输入文本，需要设置该单元格内的文本样式。为此，创建一个结合元素的类选择器 td.left 实现上述要求。CSS 代码如下：

```
/*表格左侧单元格样式*/
td.left
{
    font-family:"微软雅黑";
    font-size: 12px;
    text-align: right;              /*文本居右*/
    color:black;
    width: 20%;
}
```

④表格右侧带有单选按钮、复选框的表单元素的单元格。在该表格含有单选按钮、复选框的表单元素的单元格内有需要设置样式的文本。为此，创建一个结合元素的类选择器 td.choice 实现上述要求。具体的 CSS 代码如下。

```
/*带有单选按钮、复选框的表单元素的单元格样式*/
td.left
{
    font-family:"微软雅黑";
    font-size: 12px;
    color:black;
}
```

⑤具有悬停效果的单元格。当鼠标悬停在某一单元格时，单元格所在行的背景会产生变化，行内的文本颜色和大小也产生变化。为此，创建一个伪类选择器 tr:hover 实现悬停。为了实现单元格的效果，需要创建一个包含伪类选择器和元素选择器的包含选择器"tr:hover td"去实现上述要求。CSS 代码如下：

```
/*触摸行的时候，使行内所有td的背景及文字产生变色效果*/
tr:hover td                                    /*tr hover样式*/
{
    background-color: #8b7;
    color:#fff;
    font-size:16px;
}
```

修改单元格的属性并把创建好的样式应用到相应的单元格，应用情况如下：

```
<table>
    <tr>
        <td class="head" colspan="2">听蓝梦音乐，放飞好心情！</td>
    </tr>
    <tr>
        <td class="title" colspan="2">用户注册</td>
    </tr>
    <tr>
        <td class="left">用户名：</td>
        ...
    </tr>
    <tr>
        <td class="left">密码：</td>
        ...
     </tr>
    <tr>
        <td class="left">确认密码：</td>
        ...
    </tr>
    <tr>
        <td class="left">我的头像：</td>
        ...
    </tr>
    <tr>
        <td class="left">性别：</td>
        <td class="choice">
            <input  type="radio" name="gender" checked="">男
            ...
        </td>
    </tr>
    <tr>
        <td class="left">Email:</td>
        ...
    </tr>
    <tr>
        <td class="left">您最喜欢的乐器曲目：</td>
        ...
    </tr>
    <tr>
        <td class="left">您喜欢的音乐风格：</td>
        <td class="choice">
            <input type="checkbox" name="interest1" value="纯净">纯净
            ...
        </td>
```

```
    </tr>
    <tr>
        <td class="left">备注信息：</td>
        …
    </tr>
    …
</table>
```

设置单元格样式并应用后，运行程序，效果如图4-11所示。

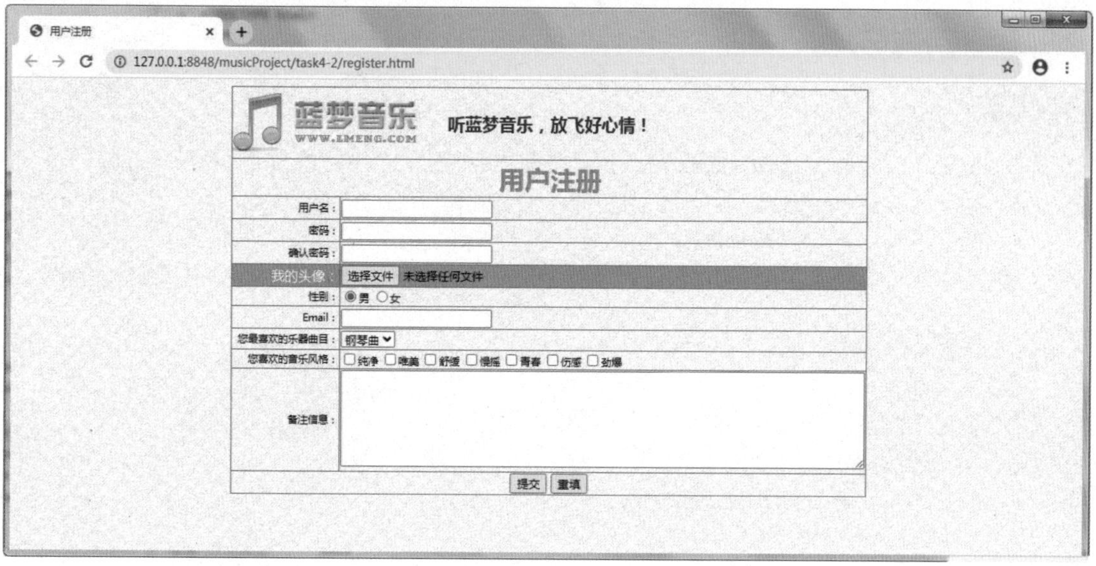

图 4-11　设置了单元格样式的效果图

3．美化表单元素

常见的表单元素有文本字段、密码字段、单选按钮、复选框、下拉列表、文件域和文本域、提交按钮等。为了使这些表单元素显示更漂亮，通常需要设置它们的边框、字体、宽度、高度等样式。

在注册页面，为用户名、我的头像、Email这些输入元素创建了一个类选择器".box"设置它们的样式；由于密码不用设置字体，创建了一个属性选择器去设置它的样式；为我最喜欢的乐器曲目和备注信息等表单元素分别创建了下拉列表和文本域元素选择器去设置它们的样式；提交、重置按钮所需的样式一样，创建了一个类选择器".btn"去设置它们的样式。

CSS代码如下：

```
/*设置带有文本输入框的表单元素样式*/
.box
{
    width: 200px;
    border:1px solid darkgray;
    font-size:12px;
    font-family: "微软雅黑";
```

```
    color: black;
}
/密码字段样式*/
input[type="password"]   /*属性选择器*/
{
    border:1px solid darkgray;
    width: 200px;
    font-size:12px;
    color: black;
}
/*下拉列表样式*/
select{
    width:200px;
    border:1px solid darkgray;
    font-size:12px;
    font-family: "微软雅黑";
    color:black;
}
/*文件域样式*/
textarea{
    width:380px;
    height: 80px;
    border:1px solid darkgray;
    resize:none;
    font-size:12px;
    color:black;
    padding:20px;
}
/*提交、重置按钮样式*/
.btn
{
    font-family: "微软雅黑";
    font-size: 14px;
    width: 50px;
    height: 25px;
    line-height: 25px;
    border-radius: 3px;
}
```

把创建好的类选择器应用到具体标签，应用情况如下：

```
<input class="box" name="username" type="text">
<input class="box" type="file" name="myPhoto">
<input class="box" name="email" type="email">
<input class="btn" type="submit" value="提交">
```

```
<input class="btn" type="reset" value="重填">
```

创建好表单元素样式并应用后，运行程序，效果如图4-12所示。

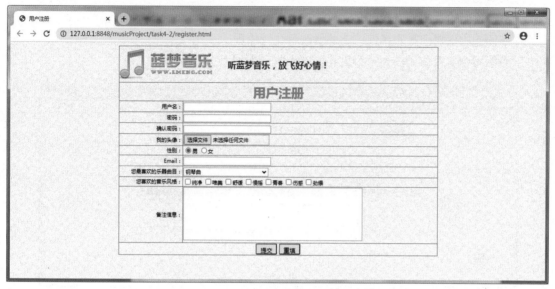

图 4-12　应用表单元素样式后注册页面运行效果图

在编写CSS代码时，实现相同的效果可以创建不同的选择器。为了提高开发效率，创建选择器通常基于如下原则：

①针对某类标签元素，可以创建元素选择器；

②针对某个特定的标签，可以创建ID选择器；

③针对你想要的多个标签定义相同样式，可以创建类选择器；

④针对标签嵌套情况，当需要对被嵌套的标签应用样式时，可以创建包含选择器；

⑤针对多个元素应用相同的样式时，可以创建群组选择器。

选好选择器，能使网页开发工作事半功倍。

任务小结

通过美化"蓝梦音乐网"注册网页，进一步认识了CSS选择器的使用。

在创建样式代码时，既可以使用行内样式表和内部样式表，又可以使用外部样式表。使用外部样式表可以实现网站内多个网页采用同一样式。

实现相同的效果可以创建不同的选择器，选好CSS选择器创建样式，能使网页开发工作事半功倍。

独立训练 4-2　美化"时空电影网"注册页面

任务描述

之前设计的"时空电影网"注册页面有些粗糙，需要修改时比较烦琐。主要表现如下：

①表格边框有点粗，不美观；

②针对单元格设置了一系列属性，需要修改时比较烦琐；

③表单元素显示不美观；

④整个页面的文字不美观；

⑤在标签内设置标签的属性，需要修改时比较烦琐。

下面使用CSS对注册页面进行美化，实现的效果如图4-13所示。

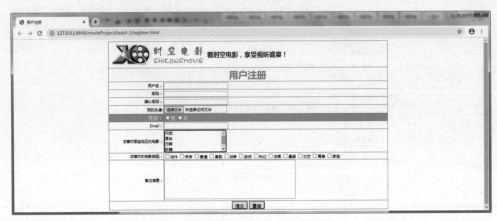

图4-13　"时空电影网"注册页面效果图

任务分析

通过分析，需要修改"时空电影网"注册页面中的哪些选择器？请填写下表。

实施准备

在HBuilder中打开已创建的movieProject项目，在项目中创建task4-2文件夹，把task3-2

文件夹中的 image 文件夹和 register.html 文件复制到该文件夹中。

任务实施

①更新"时空电影网"注册页面，需要完成哪些步骤？请填写下表。

②编写外部样式文件，更新 register.html 文件。

强化训练

【任务】之前设计的"蓝梦音乐网"登录页面有些粗糙，需要修改时比较烦琐。主要表现如下：

①表格边框有点粗，不美观；

②针对单元格设置了一系列属性，需要修改时比较烦琐；

③表单元素显示不美观；

④整个页面的文字不美观；

⑤在标签内设置标签的属性，需要修改时比较烦琐。

使用CSS对登录页面进行美化，实现的效果如图4-14所示。

图4-14　美化"蓝梦音乐网"登录页面效果图

单元练习

1．什么是样式表？其语法格式怎么写？

2．有哪些常用的选择器？创建选择器的一般原则是什么？

3．根据样式代码的位置不同，可以将样式分为哪几类？每类在使用上有什么不同？

单元 5

使用 DIV+CSS

DIV是专门用于网页布局设计的容器对象，DIV+CSS是目前最流行的网页布局技术，页面排版完全不需要依赖表格。

DIV+CSS功能强大，通过应用浮动、"盒子模型"，可以灵活地设计网页布局。

DIV+CSS实现了内容与表现的分离，提高了软件开发效率、加快了页面浏览速度，是当前网页制作的主流技术。

在本单元中，学生通过教师引导或在线学习完成"蓝梦音乐网"首页，学会DIV+CSS使用方法；然后独立完成"时空电影网"首页网页，巩固必备的知识与技能。

教学目标	☑ 学会使用 DIV ☑ 学会使用盒子模型 ☑ 学会使用浮动定位 ☑ 了解"溢出"
教学模式	☑ 线上线下混合式教学 ☑ 理实一体教学
教学方法	☑ 示范教学法 ☑ 任务驱动法
课时建议	16课时

引导训练 5-1　设计"蓝梦音乐网"首页布局

任务描述

"蓝梦音乐网"首页是"蓝梦音乐网"网站的入口。为了让用户一进入网站就能欣赏到漂亮的页面，需要对该页面进行整体设计，即对网页进行布局设计。通过构思，设计了"蓝梦音乐网"首页布局效果图（见图5-1），并要求使用DIV+CSS技术予以实现。

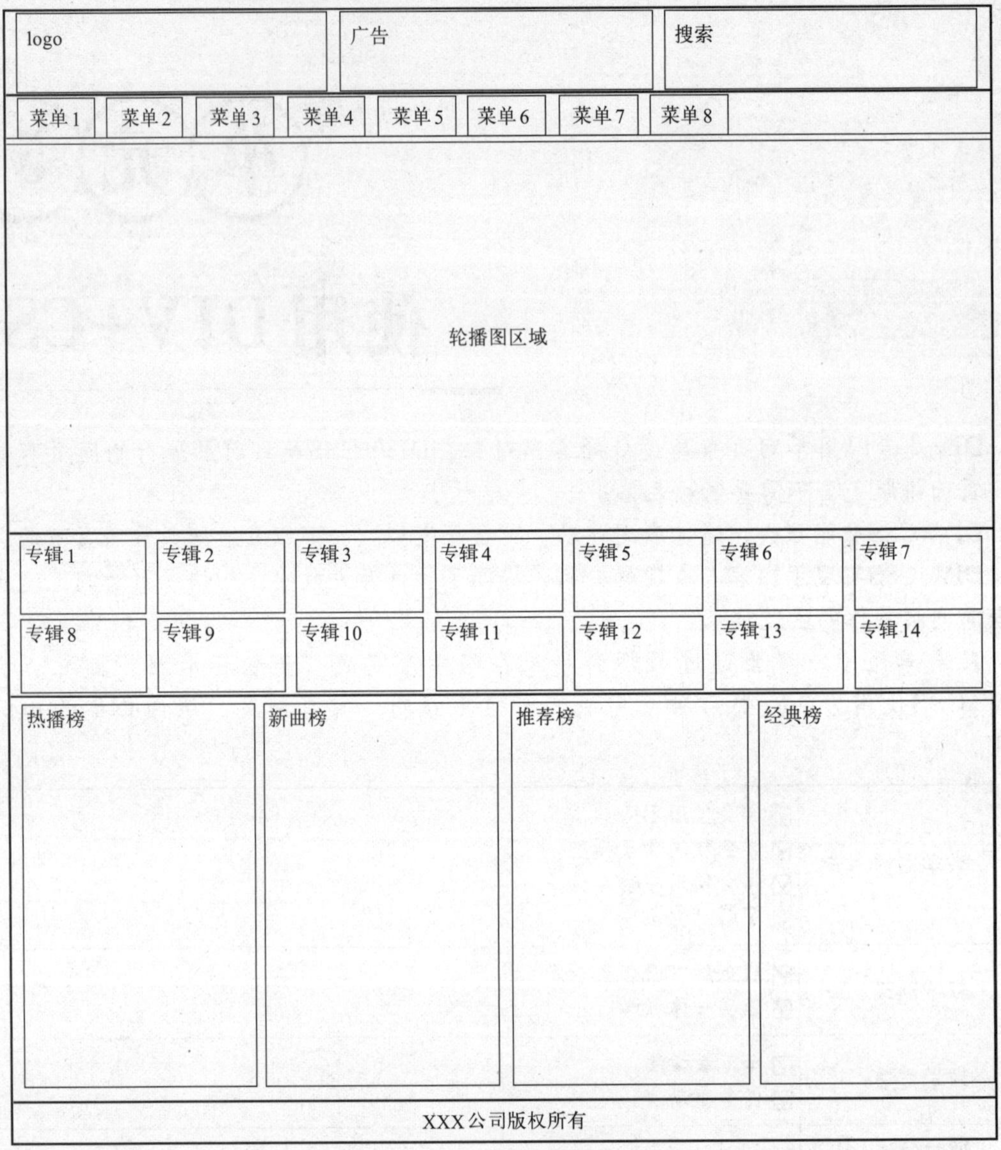

logo	广告	搜索

菜单1	菜单2	菜单3	菜单4	菜单5	菜单6	菜单7	菜单8

轮播图区域

专辑1	专辑2	专辑3	专辑4	专辑5	专辑6	专辑7
专辑8	专辑9	专辑10	专辑11	专辑12	专辑13	专辑14

热播榜	新曲榜	推荐榜	经典榜

XXX公司版权所有

图5-1 "首页"网页布局效果图

任务分析

　　从展示首页网页效果看，网页总体由三大部分组成，上部是布局网站的头部与导航，中部是布局轮播图、音乐专辑及音乐榜，底部是布局网站的版权信息。为实现该网页的布局，可以使用DIV+CSS技术。根据分析，完成本任务需要掌握以下内容：

　　➢ DIV标签；

　　➢ 盒子模型；

　　➢ 浮动。

实施准备

在HBuilder中打开已创建的musicProject项目，并在项目中创建task5-1文件夹，在该文件夹中创建CSS、img文件夹和index.hmtl 文件，CSS文件夹用于存放样式文件，img文件夹用于存放图片和视频文件。在CSS文件夹中创建musicSite.css。

任务实施

1．设计"蓝梦音乐网"首页整体内容区域布局

在HTML中，可以使用DIV+CSS技术实现网页布局。HTML提供了<div>标签，该标签是一个容器对象，它在HTML页面上提供一个区域，网页中的文字、图片、表格等元素存放在区域中。CSS用于为区域的大小、边框和背景以及区域中的内容等提供样式。

之前单元利用表格设计网页布局，把网页中的元素放在表格单元格中设计网页。这种布局存在的主要缺陷是自适应性比较差，尤其在移动端使用时表现更为突出。所以目前主要使用DIV+CSS技术实现布局。

<div>标签有很多属性，常用属性如表5-1所示。

表 5-1　布局（div）常用属性使用表

属性	值	描述
color	color:#999999	设置区域内文字颜色
font-family	font-family: 宋体	设置区域内字体类型
border	pixels（像素）边线类型	设置区域边框的宽度与边线类型
bordercolor	rgb(x,x,x) #xxxxxx colorname（颜色名）	有三种方法设置区域边框的颜色
font-weight	font-weight:bold	设置区域内字体粗细
text-align	text-align:center	设置区域内文字对齐方式
background-color	background-color:black	设置区域背景颜色
background-image	background-image:url(image/bg.gif)	设置区域背景图片
width	pixels	设置区域的宽度
height	pixels	设置区域的高度

<div>标签是一个成对标签，其使用格式如下：

```
<div>
    …
</div>
```

在首页中，需要在浏览器中控制网页内容的显示区域，即网页内容都要呈现在浏览器某一区域中，为此，需要添加一个整体布局的div区域，把网页要呈现的内容存放在该区域中。为该div创建名为main的选择器。设置属性值：宽度为1 012 px，高度为600 px，居中显示。

打开musicSite.css，添加如下代码：

```
.main{width:1012px; height:600px; border:1px solid; margin:0 auto; }
```

打开 index.hmtl，编写如下代码：

```
<!DOCTYPE html>
<html>
    <head>
        <meta charset="utf-8">
        <title>蓝梦音乐网首页</title>
        <link href="css/indexbak.css" type="text/css" rel="stylesheet"/>
    </head>
    <body>
        <div class="main">
        </div>
    </body>
</html>
```

使用浏览器打开 index.html 文件，网页运行效果如图 5-2 所示。

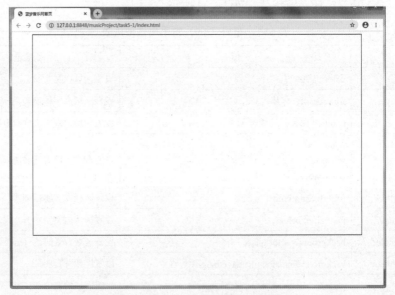

图 5-2　首页整体布局运行效果图

2．设计首页网页头部布局

在首页网页中，网页头部分为三部分，左部是网站 Logo，中部是网站广告，右部是歌曲搜索。为此，首先在整体布局 div 中添加一个头部 div 区域，为头部区域创建名为 top 的选择器。设置属性值：宽度为 1 012 px，高度为 80 px。

修改 musicSite.css，添加如下代码：

```
.main{width:1012px; height:600px; border:1px solid; margin:0 auto; }
.top{width:1012px; height:80px; border:1px solid; }
```

修改 index.html，代码如下：

```
...
<div class="main">
    <div class="top">

    </div>
</div>
...
```

运行上述代码，效果如图 5-3 所示。

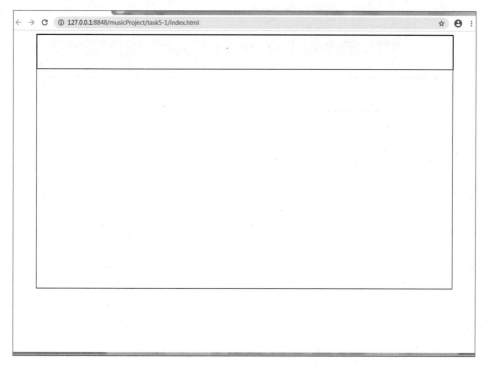

图 5-3　添加头部区域首页布局效果图

完成头部整体区域布局后，接下来在头部区域内摆放 Logo 图标、广告、歌曲搜索 3 个区域，为此，在头部区域内添加 3 个 div 区域，为这三个 div 分别创建名为 logo、advertise 和 search 的样式选择器，设置属性值：宽度均为 320 px，高度均为 80 px。

修改 musicSite.css，添加如下代码：

```
...
.top{width:1012px; height:80px; border:1px solid; }
.top.logo{width:320px; height:80px; border:1px solid;}
.top.advertise{width:320px; height:80px; border:1px solid;}
.top.search{width:320px; height:80px; border:1px solid;}
```

修改index.html，代码如下：

```
...
    <div class="top">
        <div class="logo">logo</div>
        <div class="advertise">广告</div>
        <div class="search">搜索</div>
    </div>
...
```

用浏览器打开index.html，效果如图5-4所示。

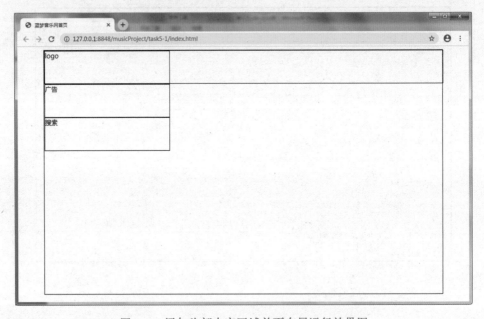

图5-4　添加头部内容区域首页布局运行效果图

从效果图上可以看出，Logo、广告和搜索3个区域纵向排列，最初需求是横向排列，如何解决这个问题？

要解决这个问题，首先要认识元素以显示方式分类的类型，其次要认识元素的浮动。

1）认识网页元素分类

根据元素显示方式，元素划分为块级元素、内联元素和内联块级元素。

块级元素在浏览器中显示时独占一行。常用的块级元素有：<div>、<p>、<h1>~<h6>、<ol>、<ul>、<dl>、<table>、<address>、<blockquote>、<form>。

块级元素的特点如下：

①每个块级元素都从新的一行开始，跟在其后的元素另起一行。

②元素的高度、宽度、行高以及顶和底边距都可设置。

③元素宽度在不设置的情况下，是其父容器的100%（和父元素的宽度一致）。

内联元素在浏览器中是在同一行按从左至右的顺序显示，不单独占一行。常见内联元素有<a>、<span>、
、<i>、<em>、<strong>、<label>、<q>。

内联元素的特点如下：

①和其他元素都在一行上。

②元素的高度、宽度及顶部和底部边距不可设置。

③元素的宽度就是它包含的文字或图片的宽度，不可改变。

内联块级元素同时具备内联元素、块级元素的特点。常见的内联块级元素有 <img>、<input>。

内联块级元素的特点如下：

①和其他元素都在一行上。

②元素的高度、宽度、行高以及顶和底边距都可设置。

通过 CSS 设置 display 属性，可以实现元素在不同类型之间转换。

①设置 display:block，将元素转换为块级元素。

②设置 display:inline，将元素转换为内联元素。

③设置 display:inline-block，可以将元素设置为内联块级元素。

2）认识元素的浮动

要使块级元素能够横向布局，需要对块级元素进行浮动处理。通过 CSS 设置 float 属性可以实现元素浮动，其中 float:left 表示向左浮动；float:right 表示向右浮动。

对于首页布局，要使 Logo、广告和搜索区域实现左浮动效果。为此，需要重新编写样式。

修改 musicSite.css，添加如下代码：

```
...
.top.logo{width:320px;height:80px;border:1px solid;float:left;}
.top.advertise{width:320px;height:80px;border:1px solid;float:left;}
.top.search{width:320px;height:80px;border:1px solid;float:left;}
```

使用浏览器打开 index.html，网页运行效果如图 5-5 所示。

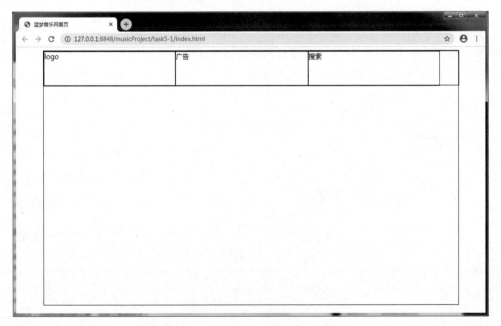

图 5-5　首页头部区域布局运行效果图

说明

通过设置logo、广告和搜索三个区域的浮动，可以得到不同的效果图。

①设置logo区域左浮动、广告和搜索区域不浮动。网页运行效果如图5-6所示。

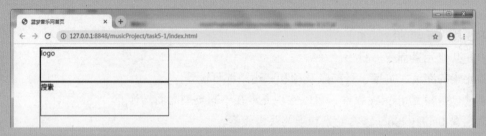

图5-6 只设置logo区域向左浮动的效果图

从图5-6中可以看出，广告区域被隐藏了。其原因是广告区域和搜索区域因未设置浮动，以独占方式占用1行，而logo区域设置了向左浮动，它没有独立占空间，结果覆盖了广告区域。

②设置logo区域右浮动、广告和搜索区域不浮动。网页运行效果如图5-7所示。

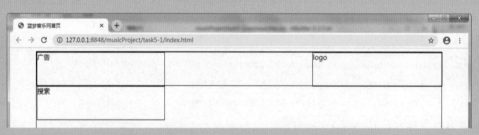

图5-7 只设置logo区域向右浮动的效果图

从图5-7中可以看出，广告区域和搜索区域因未设置浮动，以独占方式占用1行，而logo区域设置了向右浮动，所以移动到了头部区域的右边。

③当需要某个元素左侧或右侧不允许其他元素出现时，需要设置clear属性。该属性的设置的值如表5-2所示。

表5-2 clear属性值

属性值	说明
left	在左侧不允许出现浮动元素
right	在右侧不允许出现浮动元素
both	在左右两侧均不允许出现浮动元素
none	默认值，允许浮动元素出现在两侧
inherit	规定应该从父元素继承clear属性的值

logo区域设置左浮动、广告区域设置clear:both，搜索区域不浮动。运行效果如图5-8所示。

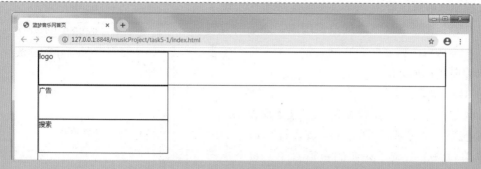

图 5-8　清除浮动效果图

从图 5-8 中可以看出，因为广告区域设置 clear:both，所以即使 logo 区域设置左浮动，它也让 logo 区域变为独占 1 行的模式，不会出现 logo 区域覆盖广告区域。

④改变 top（头部区域）的宽度为 700 px，高度不变。内嵌的三个区域大小不变，并且都设置为左浮动，网页运行效果如图 5-9 所示。

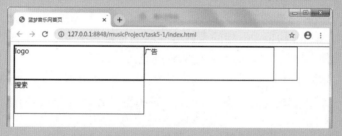

图 5-9　内嵌区域过大超过包含区域移效果图

从 5-9 中可以看出，如果包含区域太窄，无法容纳水平排列的 3 个浮动元素，那么浮动块下移。

⑤设置头部区域（top）的高度为 240 px，宽度为 700 px。Logo 区域高度为 100 px，宽度不变。另外两个区域大小不变。内嵌的三个区域都设置为左浮动。运行代码，效果如图 5-10 所示。

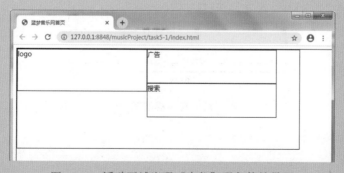

图 5-10　浮动区域出现"卡位"现象的效果图

从图 5-10 中可以看出，如果平行的浮动框高度不同，都设置浮动，将出现"卡位"现象。

从图 5-5 中可以看出，首页头部区域虽然实现了横向布局，但由于各区域之间没有间隔，还是没有实现效果，要实现区域之间的间隔，就需要掌握一个重要的设计理念：盒子模型。

3）认识盒子模型

在网页设计中，盒子模型是 CSS 技术所使用的一种思维模型。盒子模型是指将网页设计页面中的内容元素看作一个个装了东西的矩形盒子。每个矩形盒子都由元素内容(element)、内边距(padding)、边框(border)和外边距(margin)四部分组成。其模型如图 5-11 所示。

在盒子模型中，border、margin、padding 根据页面要求可以从上（top）、右（right）、下(bottom)、

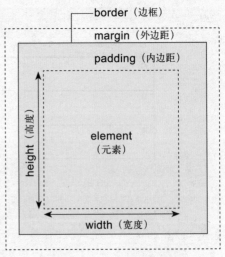

图 5-11　盒子模型示意图

左（left）四个方向设置属性值，例如对于 border，可以按需要设置 border-top、border-right、border-bottom、border-left 四个属性的值。

在盒子模型中，width 和 height 指的是内容区域的宽度和高度。增加内边距、边框和外边距不会影响内容区域的尺寸，但是会增加元素框的总尺寸。

假设一个盒子的每条边上有 10 px 的外边距和 5 px 的内边距。如果希望这个元素框达到 100 px，就需要将元素内容的宽度设置为 70 px，该模型设置如图 5-12 所示。

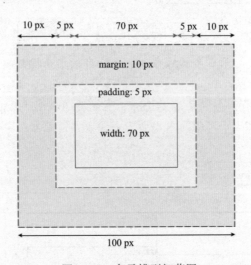

图 5-12　盒子模型细节图

该模型 CSS 编码如下：

```
#box {
    width:70px;
    margin:10px;
    padding:5px;
}
```

结合盒子模型，对头部代码进行调整，对于 Logo、广告、搜索区域分别添加 10 px 的左外边距，10 px 的填充距离，为此，需要对上述区域宽度和高度重新设置。

修改 musicSite.css，添加如下代码：

```
...
top .logo{ width:300px; height:58px; border:1px solid ;float:left;
margin-left:10px; padding:10px;}
    .top .advertise{ width:300px; height:58px; border:1px solid;
float:left; margin-left:10px; padding:10px;}
    .top .search{ width:300px; height:58px; border:1px solid ;float:left;
margin-left:10px; padding:10px;}
```

使用浏览器打开 index.html，网页运行效果如图 5-13 所示。

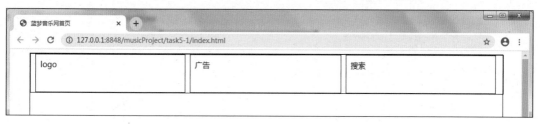

图 5-13　实现头部区域间间隔的首页布局运行效果图

> **说明**
>
> 内边距、边框和外边距都是可选的，默认值为零。但是，许多元素将由用户代理样式表设置外边距和内边距。可以通过将元素的 margin 和 padding 设置为零来覆盖这些浏览器样式。也可以使用通用选择器对所有元素进行设置：
>
> ```
> *{
>     margin:0;
>     padding:0;
> }
> ```

3．设计首页导航布局

在首页中，导航由 8 个菜单区域组成。首先在整体布局 div 中添加一个导航 div 区域，为导航区域创建名为 nav 的选择器，设置宽度为 1 012 px，高度为 42 px，边框为 1 px；接下来在其内部添加 8 个菜单 div 区域，设置其宽度为 80 px，高度为 40 px，边框为 1 px，文字垂直居中对齐，左外边距为 10 px，左浮动。

修改 musicSite.css，添加如下代码：

```
...
.top .search{ width:300px; height:58px; border:1px solid ;float:left;
margin-left:10px; padding:10px;}
.nav{width:1012px; height:42px; border:1px solid;}
```

```
.nav div{float:left;  margin-left:10px; height:40px; width:80px; border:
1px solid; text-align:center; line-height:40px;}
```

修改 index.html，添加如下代码：

```
...
<div class="main">
    ...
    <div class="nav">
        <div>菜单1</div>
        <div>菜单2</div>
        <div>菜单3</div>
        <div>菜单4</div>
        <div>菜单5</div>
        <div>菜单6</div>
        <div>菜单7</div>
        <div>菜单8</div>
    </div>
</div>
...
```

使用浏览器打开 index.html，网页运行效果如图 5-14 所示。

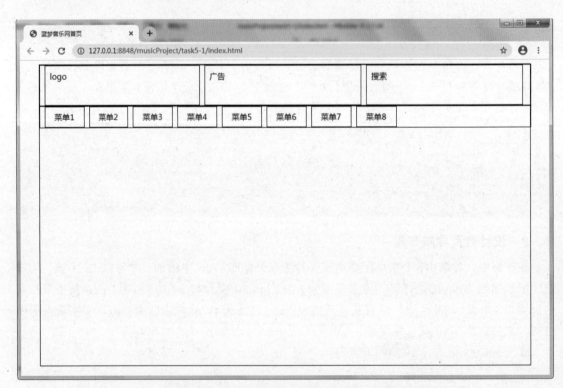

图 5-14　添加导航区域首页布局运行效果图

4. 设计首页轮播大图布局

在首页中，轮播图区域用于使一些大图片在该区域轮流出现。在整体布局 div 中添加一个轮播 div 区域，为轮播区域创建名为 broadcast 的选择器，设置宽度为 1 012 px，上边距为 5 px，高度为 385 px，边框为 1 px。

修改 musicSite.css，添加如下代码：

```
...
.nav div{float:left;  margin-left:10px; height:42px; width:80px; border:
1px solid; text-align:center; line-height:42px;}
.broadcast{width:1012px; height:385px; border:1px solid; line-height:
385px; margin-top:5px;}
```

修改 index.html，添加如下代码：

```
...
<div class="main">
    ...
    <div class="broadcast">
        轮播图区域
    </div>
</div>
...
```

使用浏览器打开 index.html，网页运行效果如图 5-15 所示。

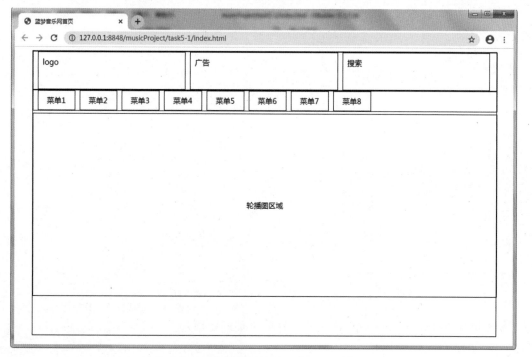

图 5-15　添加轮播区域首页布局运行效果图

5．设计首页精选专辑布局

在首页中，精选专辑区域将目前最热播专辑罗列出来。首先在整体布局div中添加一个精选专辑div区域，为精选专辑区域创建名为select的选择器，设置宽度为1 012 px，高度为160 px，边框1 px；接下来在其内部添加14个div专辑区域，设置div的宽度为130 px，高度为70 px，浮动为左浮动，左边距为10 px，上边距为5 px。由于在竖直方向已有元素总的高度超过main样式所设置的高度，把main选择器中的height属性去掉，让整体布局页面的高度自动伸长。

修改musicSite.css，添加如下代码：

```
.main{width:1012px;  border:1px solid; margin:0 auto; }
...
.broadcast{width:1012px; height:385px; border:1px solid; line-height:
385px; margin-top:5px;}
.select{width:1012px; height:160px; border:1px solid;}
.select div{ width:130px; height:70px; border:1px solid; float:left;
margin-left:10px; margin-top:5px;}
```

修改index.html，添加如下代码：

```
...
<div class="main">
    ...
    <div class="select">
    <div>专辑1</div>
    <div>专辑2</div>
    <div>专辑3</div>
    <div>专辑4</div>
    <div>专辑5</div>
    <div>专辑6</div>
    <div>专辑7</div>
    <div>专辑8</div>
    <div>专辑9</div>
    <div>专辑10</div>
    <div>专辑11</div>
    <div>专辑12</div>
    <div>专辑13</div>
    <div>专辑14</div>
    </div>
</div>
...
```

使用浏览器打开index.html，网页运行效果如图5-16所示。

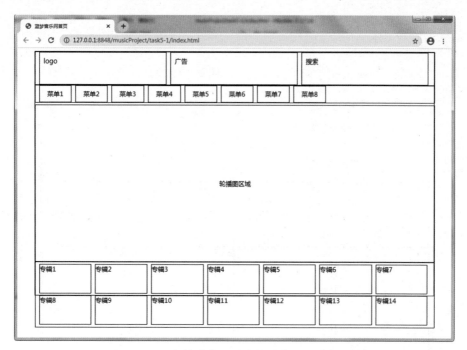

图 5-16　添加精选专辑区域首页布局运行效果图

6. 设计首页热播歌曲布局

在首页中，热播歌曲区域将目前最热播歌曲罗列出来，能方便浏览者查阅并试听歌曲。首先在整体布局 div 中添加一个热播歌曲 div 区域，为热播歌曲区域创建名为 hot 的选择器，设置宽度为 1 012 px，高度为 400 px，边框为 1 px。接下来在其内部添加 4 个 div 专辑区域，设置 div 的宽度为 300 px，高度为 240 px，左浮动，左边距为 10 px，上边距为 5 px。

修改 musicSite.css，添加如下代码：

```
...
.select div{ width:130px; height:70px; border:1px solid; float:left;
margin-left:10px; margin-top:5px;}
.hot{width:1012px; height:310px; border:1px solid;}
.hot div{float:left; border:1px solid; height:300px; width:240px;
margin-left:10px; margin-top:5px; }
```

修改 index.html，添加如下代码：

```
...
<div class="main">
    ...
    <div class="hot">
        <div>热播榜</div>
        <div>新曲榜</div>
        <div>推荐榜</div>
        <div>经典榜</div>
    </div>
```

```
</div>
...
```

使用浏览器打开 index.html，网页运行效果如图 5-17 所示。

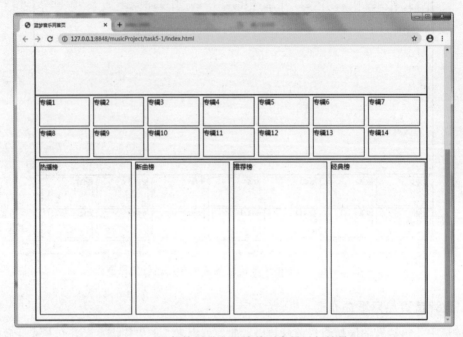

图 5-17　添加热播歌曲区域首页布局运行效果图

7．设计首页版权布局

在首页中，版权信息主要针对网站版权信息做解释说明。在整体布局 div 中添加一个版权 div 区域，为版权区域创建名为 copyright 的选择器，设置宽度为 1 012 px，上边距 5 px，高度为 40 px，边框为 1 px。

修改 musicSite.css，添加如下代码：

```
...
.hot div{float:left; border:1px solid; height:300px; width:240px;
margin-left:10px; margin-top:5px; }
.copyright{width:1012px; height:40px; border:1px solid; text-align:
center; line-height:40px;}
```

修改 index.html，添加如下代码：

```
...
<div class="main">
    ...
    <div class="copyright">
            XXX公司版权所有
    </div>
</div>
...
```

使用浏览器打开index.html，网页运行效果如图5-18所示。

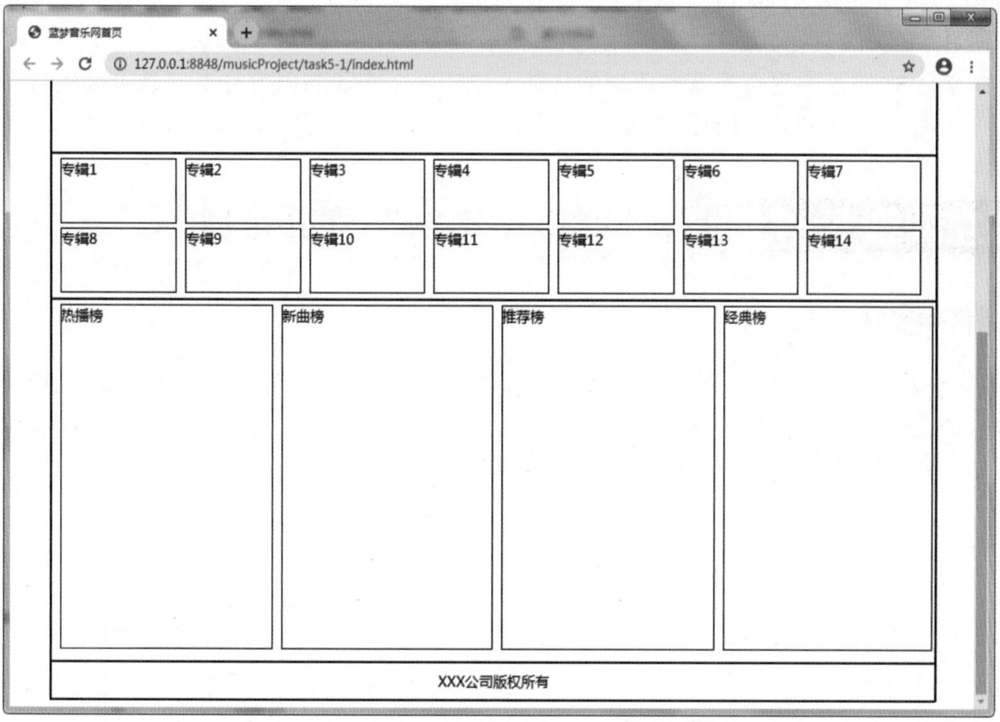

图 5-18　添加版权区域首页布局运行效果图

整个首页布局已经实现，从设计过程中可知网页中的DIV存在嵌套和并列两种结构。样式为main的DIV包含了样式为top、broadcast、select、hot和copyright的5个DIV，这种结构就是嵌套结构；被包含的5个DIV处于同等地位，这种结构就是并列结构。

比较使用表格布局，DIV+CSS技术实现布局具有明显的优势，表现如下：

1）表现与内容分离，易于改版与维护

将设计部分分离出来存在一个独立的样式文件中，HTML文件只存放文本信息，更易于实现页面和样式的调整。只要简单修改CSS文件就能够重新设计整个网站的页面。目前网易、新浪、腾讯、YAHOO、MSN等网站均采用DIV+CSS技术，更加印证了使用该技术是大势所趋。

2）代码简洁，提高了页面浏览速度

对于实现相同效果的页面，采用DIV+CSS设计页面比采用TABLE设计页面代码要简洁得多。对于一个大型商业网站来说，会节省大量的带宽。

任务小结

通过设计"蓝梦音乐网"首页布局，认识了DIV+CSS网页布局技术。

DIV用于网页布局设计，CSS为网页提供样式。

根据元素的显示方式划分，元素可以分为块级元素、内联元素和内联块级元素。通过CSS设置display属性，能实现块级元素和内联元素之间的转换。DIV是一种块级元素，为实现块级元素横向摆放，需要设置浮动属性。

为了灵活运用块级元素，需要熟知盒子模型，该模型包括外边距（margin）、边框（border）、填充距离（padding）和元素内容（element）四部分。

网页中的DIV存在嵌套和并列两种结构。

DIV+CSS技术实现布局具有明显的优势，它实现了表现与内容分离，易于改版与维护；实现了代码简洁，提高了页面浏览速度。

独立训练 5-1 设计"时空电影网"首页布局

任务描述

"时空电影网"首页是"时空电影网"网站的入口。为了让用户一进入网站就能欣赏到漂亮的页面，需要对该页面进行整体设计，即对网页进行布局设计。通过构思，设计的"时空电影网"首页布局效果如图5-19所示，要求使用DIV+CSS技术予以实现。

图 5-19 "时空电影网"首页网页布局图

任务分析

通过分析，设计"时空电影网"首页布局，应如何设计DIV？请填写下表。

实施准备

在HBuilder中打开已创建的movieProject项目，在项目中创建task5-1文件夹，在该文件夹中创建css子文件夹和index.html，在css子文件夹中创建movieSite.css。

任务实施

①完成首页网页布局，需要完成哪些主要步骤？请填写下表。

②编写样式文件和网页文件，设计首页网页布局。

引导训练 5-2 制作"蓝梦音乐网"首页

任务描述

前面已设计好"蓝梦音乐网"首页布局，为了欣赏到赏心悦目的网页内容，需要把文字和图片等内容添加到已设计好的布局中。具体要求如下：

①在网页上添加图片、文字内容。

②在导航中实现超链接。

③使用列表展示热播歌曲。

该网页的效果如图 5-20 所示。

图 5-20 "蓝梦音乐网"首页页面效果图

任务分析

从展示的首页页面效果图看，需要把图片、文字添加到已设计好布局的首页文件中，在导航栏中打开超链接。为完成本任务需要掌握如下内容：

➢基于DIV+CSS框架填充文字、图片等内容。

➢添加导航。

➢使用CSS美化文字、图片内容。

实施准备

在HBuilder中打开已创建的musicProject项目，创建task5-2文件夹，并把task5-1文件夹中的所有内容复制到该文件中。

任务实施

1．制作首页网页头部

从首页头部的效果图可知，需要在Logo区域添加网站图标，在广告区域添加"听蓝梦音乐，放飞好心情！"，在搜索区域添加搜索表单。为此，在Logo区域添加一张网站logo的图片；在广告区域添加一个<span>标签，并把广告语置入其中；在搜索区域的表单中添加一个文本字段和提交按钮，并设置新增标签的样式。

修改musicSite.css，添加如下代码：

```
...
.top.search{ width:300px; height:58px; border:1px solid ;float:left;
margin-left:10px; padding:10px;}
.top.advertise span{text-align:center;font-size:20px;height:80px;
color:#229956;
width:230px;
line-height:58px;}
.top.search #txtFind{height:30px; width:220px;}
.top.search #btFind{height:35px;}
...
```

修改index.html，添加如下代码：

```
...
<div class="main">
    <div class="top">
        <div class="logo">
            <img src="img/logo.png"/>
        </div>
        <div class="advertise">
            <span>听蓝梦音乐放飞好心情！</span>
        </div>
        <div class="search">
            <form>
                <input id="txtFind" type="text"/>
                <input id="btFind" type="button" value="查询"/>
            </form>
        </div>
    </div>
    ...
</div>
...
```

使用浏览器打开index.html，网页运行效果如图5-21所示。

2．制作首页网页导航部分

1）添加菜单

从首页头部的效果图可知，在首页网页导航部分设置了首页、精选、排行榜、歌手、歌单、音乐节、登录和注册8个菜单选项，并设置菜单文字字体大小为18 px、加粗，背景为绿色，当鼠标在菜单项上悬停时，改变其背景颜色为#CCCCCC。

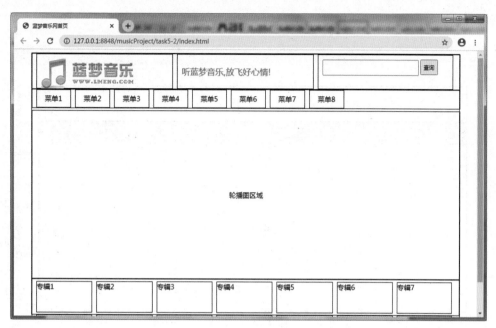

图 5-21　首页网页头部运行效果图

修改 musicSite.css，修改代码如下：

```
...
  .nav{width:1012px; height:42px; border:1px solid; background-color:
#62bf4c;}
  .nav div{float:left;  margin-left:10px; height:42px; width:80px; border:
1px solid; text-align:center; line-height:42px;color:#FFFFFF;
font-size:18px; font-weight:bold;}
  .nav div:hover{background-color:#CCCCCC}
...
```

修改 index.html，添加如下代码：

```
...
<div class="main">
  ...
  <div class="nav">
      <div>首页</div>
      <div>精选</div>
      <div>排行榜</div>
      <div>歌手</div>
      <div>歌单</div>
      <div>音乐节</div>
      <div>登录</div>
      <div>注册</div>
  </div>
  ...

</div>
...
```

使用浏览器打开index.html，网页运行效果如图5-22所示。

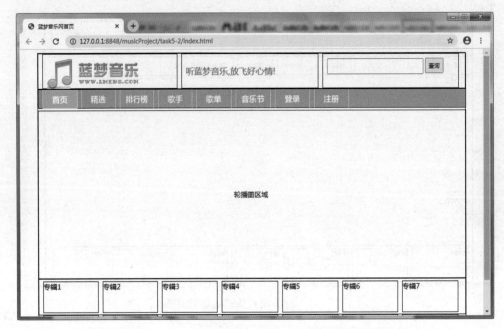

图5-22　添加菜单后的首页网页导航部分运行效果图

2）添加超链接

HTML 使用超链接与网络上的另一个文档相连。几乎在所有网页中都可以找到超链接。超链接可以是一个字、一个词，也可以是一幅图像，当单击它时能够跳转到新的文档或者当前文档中的某个部分。超链接的语法格式为：

<a 属性>提示文本</a>

<a>标签的常用属性如表5-3所示。

表5-3　<a>标签的常用属性

属性	值	描述
href	URL	规定链接指向页面的 URL
name	section_name	HTML 5 中不支持。规定锚的名称
target	_blank（空白窗口） _parent（父窗口） _self _top framename（框架）	规定在何处打开链接文档

为了让超链接丰富多彩，超链接提供了四种状态，它使用伪类实现，状态如下。

① a:link，设置未访问的链接。

② a:visited，设置已访问的链接。

③ a:hover，鼠标指针位于链接上方时。

④ a:active，链接被单击时。

超链接在默认状况下是内联元素，为了获得更大的单击区域并设置特殊效果，可以设置 display:block 让其转换为块级元素。

根据对首页导航部分的分析，需要对 8 个菜单添加超链接，设置鼠标指针位于超链接文本上方时颜色为黄色，其余状态下的颜色都是白色，去除链接文本的下画线。

修改 musicSite.css，修改代码如下：

```
...
.nav div:hover{background-color:#CCCCCC}
.nav div a:link{color:#FFFFFF;text-decoration:none;}
.nav div a:visited{color:#FFFFFF;text-decoration:none;}
.nav div a:hover{color:yellow;text-decoration:none;}
.nav div a:active{color:yellow;text-decoration:none;}
...
```

修改 index.html，添加如下代码：

```
...
<div class="main">
  ...
  <div class="nav">
    <div><a href="index.html">首页</a></div>
    <div><a href="#">精选</a></div>
    <div><a href="#">排行榜</a></div>
    <div><a href="#">歌手</a></div>
    <div><a href="#">歌单</a></div>
    <div><a href="../task4-1/musicFestival.html">音乐节</a></div>
    <div><a href="../task4-2/login.html">>登录</a></div>
    <div><a href="../task4-2/register.html">注册</a></div>
  </div>
  ...
</div>
...
```

使用浏览器打开 index.html，网页运行效果如图 5-23 所示。

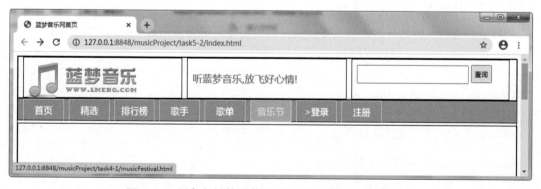

图 5-23　添加超链接后的首页网页导航部分运行效果图

说明

....

①在实现超链接的过程中，如果想获取更大的单击区域，则需要把超链接转换为块级元素。添加如下1行CSS代码：

```
.nav div a{display:block; height:42px; width:80px; line-height:
42px;text-align:center;}
```

②实现横向菜单，也可以使用无序列表，编写CSS和HTML代码如下。

CSS 代码：

```
ul{width:1012px; height:42px; border:1px solid; background-color:
#62bf4c;list-style:none;}
ul li{float:left; margin-left:10px; height:42px; width:80px; border:
1px solid; text-align:center; line-height:42px;color:#FFFFFF;
font-size:18px; font-weight:bold;}
ul li:hover{background-color:#CCCCCC}
ul li a:link{color:#FFFFFF;text-decoration:none;}
ul li a:visited{color:#FFFFFF;text-decoration:none;}
ul li a:hover{color:yellow;text-decoration:none;}
ul li a:active{color:yellow;text-decoration:none;}
```

HTML 代码：

```
<ul>
    <li><a href="index.html">首页</a></li>
    <li><a href="#">精选</a></li>
    <li><a href="#">排行榜</a></li>
    <li><a href="#">歌手</a></li>
    <li><a href="#">歌单</a></li>
    <li><a href="../task4-1/musicFestival.html">音乐节</a></li>
    <li><a href="../task4-2/login.html">>登录</a></li>
    <li><a href="../task4-2/register.html">注册</a></li>
</ul>
```

3．制作首页网页轮播图部分

从首页网页轮播图部分的效果可知，在首页轮播图区域需要添加一张大图片。

修改 musicSite.css，修改代码如下：

```
...
.broadcast{width:1012px; height:385px; border:1px solid; text-align:
center; line-height:385px; margin-top:5px;}
...
```

修改 index.html，添加如下代码：

```
...
<div class="main">
```

```
...
<div class="lunbo">
   <img src="img/lunbo1.jpg"/>
</div>
...
</div>
...
```

使用浏览器打开index.html，网页运行效果如图5-24所示。

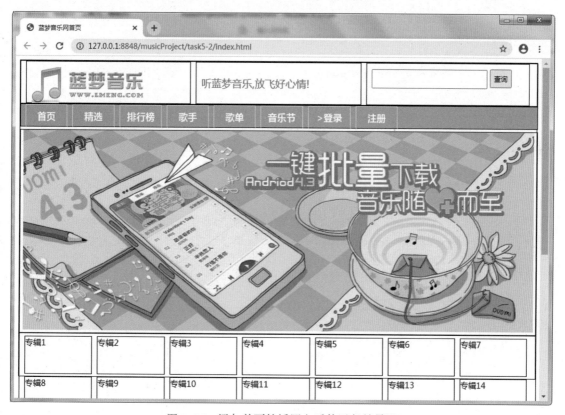

图 5-24　添加首页轮播图之后的运行效果图

4．制作首页网页精选专辑部分

从首页网页精选专辑部分的效果图可知，该部分划分了14个区域，每个区域中存放了一张图片。

修改index.html，添加如下代码：

```
...
<div class="hot">
    <div>
        <img src="img/zj1.png"/>
    </div>
    <div>
```

```
        <img src="img/zj2.png"/>
    </div>
    <div>
        <img src="img/zj3.png"/>
    </div>
    <div>
        <img src="img/zj4.png"/>
    </div>
    <div>
        <img src="img/zj5.png"/>
    </div>
    <div>
        <img src="img/zj6.png"/>
    </div>
    <div>
        <img src="img/zj7.png"/>
    </div>
    <div>
        <img src="img/zj8.png"/>
    </div>
    <div>
        <img src="img/zj9.png"/>
    </div>
    <div>
        <img src="img/zj10.png"/>
    </div>
    <div>
        <img src="img/zj11.png"/>
    </div>
    <div>
        <img src="img/zj12.png"/>
    </div>
    <div>
        <img src="img/zj13.png"/>
    </div>
    <div>
        <img src="img/zj14.png"/>
    </div>
</div>
...
```

使用浏览器打开index.html，网页运行效果如图5-25所示。

图 5-25　添加首页网页精选专辑内容之后的运行效果图

5．制作首页网页精选歌曲部分

从首页网页精选歌曲部分的效果图可知，每个精选区域要添加 1 个标题和 1 个歌曲列表，标题用 <h2> 实现，歌曲列表用无序列表实现。

修改 musicSite.css，修改代码如下：

```
...
.hot div{float:left; border:1px solid; height:300px; width:240px;
margin-left:10px; margin-top:5px; }
.hot div h2{font-size:18px; margin-left:10px;}
.hot div ul li{ font-size:14px;line-height:28px;}
...
```

修改 index.html，添加如下代码：

```
...
<div class="hot">
    <div>
        <h2>热播榜</h2>
        <ul>
            <li>桥边姑娘</li>
            <li>演员 </li>
            <li>大鱼</li>
            <li>逆流成河</li>
```

```
            <li>爱在西元前</li>
            <li>忘记你我做不到</li>
            <li>记忆里的雪</li>
            <li>雅俗共赏</li>
            <li>下山</li>
            <li>我的爱</li>
        </ul>
    </div>
    <div>
        <h2>新曲榜</h2>
        <ul>
            <li>山河无恙在我胸</li>
            <li>拥抱春天</li>
            <li>Silent Night</li>
            <li>少年（童声版）</li>
            <li>Fight as ONE</li>
            <li>小情歌</li>
            <li>遇</li>
            <li>Over the Sky</li>
            <li>稳住</li>
            <li>我们的中国心</li>
        </ul>
    </div>
    <div>
        <h2>推荐榜</h2>
        <ul>
            <li>记忆里的雪</li>
            <li>听你</li>
            <li>共同战疫</li>
            <li>有一种爱</li>
            <li>太多</li>
            <li>勇士的荣耀</li>
            <li>至少还有你爱我</li>
            <li>都说</li>
            <li>让我们荡起双桨</li>
            <li>一起红火火</li>
        </ul>
    </div>
    <div>
        <h2>经典榜</h2>
        <ul>
            <li>狼</li>
            <li>灰姑娘</li>
                <li>恋恋风尘</li>
```

```
                <li>难念的经</li>
                <li>栀子花开</li>
                <li>我是一只小小鸟</li>
                <li>好汉歌</li>
                <li>涛声依旧</li>
                <li>小芳</li>
                <li>几度夕阳红</li>
            </ul>
        </div>
    </div>
    ...
```

使用浏览器打开index.html，网页运行效果如图5-26所示。

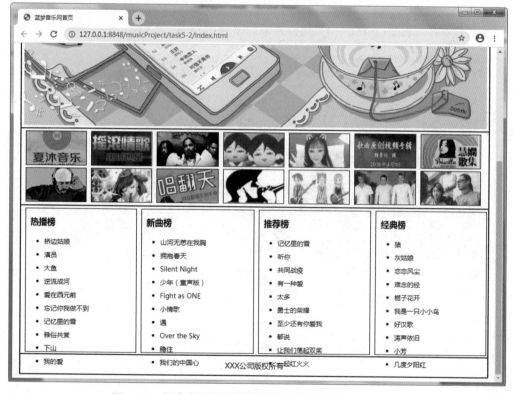

图 5-26　添加首页网页精选歌曲内容之后的运行效果图

从上述效果图可以看出，热播榜、新曲榜等4个歌曲榜都超越了已定义好的歌曲榜区域的高度，即"溢出"了。在HTML的盒子模型中，当盒子中的内容超出了盒子的边界时，就会出现溢出现象。在CSS2中，通过设置overflow属性处理溢出问题；在CSS3中，还可以通过设置overflow_x和overflow_y属性处理溢出问题，其中overflow_x用于处理横向溢出，overflow_y用于处理纵向溢出。

溢出属性设置值如表5-4所示。

表 5-4   溢出属性设置值

值	描述
visible	默认值。内容不会被修剪，会呈现在元素框之外
hidden	内容会被修剪，并且其余内容是不可见的
scroll	内容会被修剪，但是浏览器会显示滚动条以便查看其余内容
auto	如果内容被修剪，则浏览器会显示滚动条以便查看其余内容
no-display	当盒子溢出时，不显示元素
no-concent	当盒子溢出时，不显示内容

修改 musicSite.css，修改代码如下：

```
.hot div{float:left; border:1px solid; height:300px; width:240px;
margin-left:10px; margin-top:5px; overflow:auto;}
```

使用浏览器打开 index.html，网页运行效果如图 5-27 所示。

图 5-27   处理溢出之后的运行效果图

6. 制作首页网页版权部分

从首页网页版权部分的效果图可知，在版权区域加上所需的文字并修改样式就能完成任务。

修改 musicSite.css，修改代码如下：

```
...
.copyright{width:1012px; height:40px; border:1px solid; text-align:
center; line-height:40px; font-size:14px;}
```

修改 index.html，添加如下代码：

```
...
<div class="main">
    ...
<div class="copyright">
        蓝梦音乐网有限公司版权所有    备案号：湘XXXXXXXXXXX
</div>
</div>
...
```

使用浏览器打开 index.html，网页运行效果如图 5-28 所示。

图 5-28　添加版权部分之后的运行效果图

7．去除布局边框

在"蓝梦音乐网"首页内容全部填充完成之后，需要将所有布局边框去除，其运行效果如图 5-29 所示。

图 5-29　首页去除边框之后的运行效果图

任务小结

通过制作"蓝梦音乐网"首页网页，学会了在设计好的布局中添加网页内容。

在网页中，超链接是一个最基本的元素，它提供了四种状态，它使用伪类实现，状态如下。

① a:link，设置未访问的链接。

② a:visited，设置已访问的链接。

③ a:hover，鼠标指针位于链接上方时。

④ a:active，链接被单击时。

当网页中的内容超过包含它区域的宽度和高度时，会出现"溢出"现象，需要设置 overflow 属性值处理溢出。

制作网页的基本流程为：设计布局→添加网页内容→去除布局边框。

独立训练 5-2　制作"时空电影网"首页

任务描述

之前已设计好了"时空电影网"首页布局，为了欣赏到赏心悦目的网页内容，需要把文字和图片等内容添加到已设计好的布局中。具体要求如下：

① 在网页上添加图片、文字内容。

② 在导航中实现超链接。

③ 使用列表展示排行榜

效果图如图 5-30 所示。

图 5-30　"时空电影网"首页页面效果图

任务分析

通过分析，制作"时空电影网"首页页面应如何添加图片和文字？应如何实现超链接？应如何实现列表？请填写下表。

实施准备

在 HBuilder 中打开已创建的 movieProject 项目，在项目中创建 task5-2 文件夹，把 task5-1 文件夹中的内容复制到该文件夹中。

任务实施

①完成"时空电影网"首页页面需要完成哪些步骤，请填写下表。

②修改样式和首页文件，完成页面制作。

强化训练

【任务1】"蓝梦音乐网"精选网页能把用户评价高的各类歌曲展示给用户聆听。通过构思，设计了"蓝梦音乐网"精选网页效果图，如图5-31所示。要求使用DIV+CSS技术予以实现。

图 5-31 "蓝梦音乐网"精选页面效果图

【任务2】"蓝梦音乐网"歌手网页能根据歌曲类型把歌手的照片展示给用户。通过构思，设计了"蓝梦音乐网"歌手网页效果图，如图5-32所示。要求使用DIV+CSS技术予以实现。

图 5-32 "蓝梦音乐网"歌手页面效果图

单元练习

1．DIV+CSS 是如何设计网页的？

2．根据显示方式，元素划分为哪几类？

3．在网页设计中，对于块级元素如何实现横向排列？

4．"盒子模型"包含哪几部分，盒子模式占用的空间如何计算？

5．超链接提供了那几种状态？

6．在网页设计中，什么是"溢出"，如何处理这种现象？

单元 6

使用网页定位与JavaScript特效

使用CSS中position属性实现网页定位。常用定位有绝对、相对和固定定位，使用定位能实现一些特殊的布局设计。

应用JQuery是实现网页特效的一种最常用的手段，调用已设计好的JavaScript完成网页特效。

在本单元中，学生通过教师引导或在线学习完成"蓝梦音乐网"首页中轮播图功能，学会使用定位和JavaScript特效；然后独立完成"时空电影网"首页轮播特效网页，巩固必备的知识与技能。

教学目标	☑ 掌握网页定位的类型 ☑ 学会使用网页定位 ☑ 学会使用 Js 应用
教学模式	☑ 线上线下混合式教学 ☑ 理实一体教学
教学方法	☑ 示范教学法 ☑ 任务驱动法
课时建议	4 课时

引导训练　制作"蓝梦音乐网"滑动轮播特效

任务描述

首页轮播图是"蓝梦音乐网"首页特色之一，为了实现图片轮播效果，需要在轮播区域添加左右箭头，之后单击箭头可以动态切换图片，制作效果如图6-1所示。

图 6-1　左右滑动"轮播图"网页效果图

任务分析

从轮播图网页效果看，需要在轮播区域的大图片上叠加两个小图标，单击左边小图标向前切换图片，单击右边小图标向后切换图片。为实现该网页效果，使用网页定位实现图片定位和叠加，使用 Js 实现图片轮播。根据分析，完成本任务需要掌握以下内容：

➢ 绝对定位；

➢ 相对定位；

➢ z-index 元素堆叠；

➢ 简单 Js 的应用。

实施准备

在 HBuilder 中打开已创建的 musicProject 项目，并在项目中创建 task6-1 文件夹。把 task5-2 中的子文件夹和 index.html 都复制到该文件夹。再创建 js 文件夹，把 jquery.min 包复制至该文件夹。

任务实施

1．设计"蓝梦音乐网"首页滑动轮播布局

在"蓝梦音乐网"首页页面中，使用 CSS 中的 position 实现图片叠加。

通过使用 position 属性，可以选择 4 种不同类型的定位。position 属性值及其描述如表 6-1 所示。

表 6-1　position 属性值及其描述

值	描述
Static	默认值。没有定位，元素出现在正常的流中（忽略 top、bottom、left、right 或者 z-index 声明）
absolute	生成绝对定位的元素，相对于 static 定位以外的第一个父元素进行定位。 元素的位置通过设置 left、top、right 以及 bottom 属性值进行定位
relative	生成相对定位的元素，相对于其正常位置进行定位
fixed	生成固定定位的元素，相对于浏览器窗口进行定位

使用定位的语法为：

```
position:属性值;left:数字;top：数字
```

left 和 top 表示距离，它有一个参考窗口，不同的 position 设置，参考窗口不同。

1）认识绝对定位

绝对定位（absolute）是通过规定 HTML 元素在水平和垂直方向上的位置来固定元素。基于绝对定位的元素不会占据空间。绝对定位的位置由相对于已定位的具有包含关系最近的祖先元素确定。如果当前需要被定位的元素没有已定位的祖先元素作为参考值，则是相对于整个网页。

下面通过一个例子来说明绝对定位的使用，如图 6-2 所示，有 4 个框，1 个主框，3 个子框，框 1、框 3 左浮动，框 2 相对主窗口使用绝对定位。

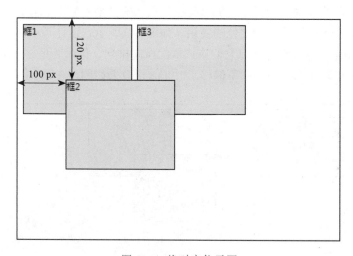

图 6-2　绝对定位示图

实现图6-2所示网页效果的代码如下所示：

```
<!DOCTYPE html>
<html>
    <head>
        <meta charset="utf-8">
        <title>绝对定位</title>
        <style type="text/css">
            .main{width:600px;height:400px;border:1px#000000 solid;}
            .one{width:200px;height:160px;border:1px#000000 solid ;
margin-left: 10px;margin-top:10px;float:left;background:yellow;}
            .two{position:absolute; left:100px;top:120px;width:
200px; height: 160px;border:1px #000000 solid ;background:yellow;}
            .three{width:200px;height:160px; border:1px#000000 solid;
margin-left: 10px; margin-top:10px;float:left;background:yellow;}
        </style>
    </head>
    <body>
        <div class="main">
            <div class="one">框1</div>
            <div class="two">框2</div>
            <div class="three">框3</div>
        </div>
    </body>
</html>
```

2）认识相对定位

相对定位（relative）与绝对定位有所不同。相对定位是相对于自身位置定位，即通过设置垂直或水平位置，让这个元素"相对于"它的起点进行移动。但设置了relative的元素仍然处在文档流中，元素的宽高不变，设置偏移量也不会影响其他元素的位置。

下面通过一个例子来说明绝对定位的使用，如图6-3所示，设计了4个框，1个主框，3个子框，框1、框2和框3左浮动，所以它们应该依次横向排列，但因为框2设置了相对定位，即相对它的起点向右偏移了100 px，向下偏移了120 px，效果如图6-3所示。

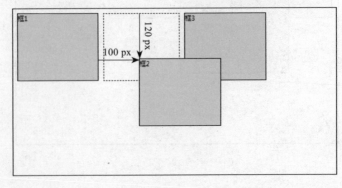

图6-3　相对定位

实现图6-3所示网页效果的代码如下所示：

```html
<!DOCTYPE html>
<html>
    <head>
        <meta charset="utf-8">
        <title>相对定位</title>
        <style type="text/css">
            .main{width: 800px; height: 400px;  border:1px #000000 solid;}
            .one{width: 200px; height:160px;border:1px #000000 solid ;
margin-left: 10px; margin-top: 10px;float:left;background: yellow;}
            .two{position: relative; left: 100px; top: 120px; width:
200px;height:160px;border:1px #000000 solid;float:left;background:yellow;}
            .three{width: 200px; height: 160px; border:1px #000000
solid; margin-left: 10px; margin-top: 10px;float:left;background: yellow;}
        </style>
    </head>
    <body>
        <div class="main">
            <div class="one">框1</div>
            <div class="two">框2</div>
            <div class="three">框3</div>
        </div>
    </body>
</html>
```

3）认识元素堆叠

在HTML中，拥有更高堆叠顺序的元素总是会处于堆叠顺序较低的元素的前面。在CSS中，设置z-index属性确定堆叠顺序。

下面通过一个例子来说明z-index元素堆叠的效果，如图6-4所示，创建了4个框，1个主框和3个子框，其中框1、框2和框3使用绝对定位，框1在最下面，框3在最上面。

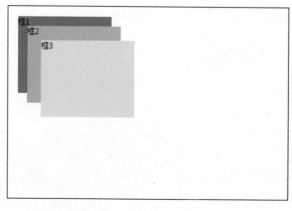

图6-4　z-index元素堆叠

实现图 6-3 所示网页效果的代码如下所示：

```
<!DOCTYPE html>
<html>
    <head>
        <meta charset="utf-8">
        <title>z-index使用</title>
        <style type="text/css">
            .main{width:600px;height:400px;border: 1px solid;}
            .one,.two,.three{width:200px;height:160px;position:absolute;}
            .one{z-index:10;background:red;left:30px;top:30px;}
            .two {z-index:20;background:lawngreen;left:50px;top:50px;}
            .three {z-index:30;background:yellow;left:80px;top:80px;}
        </style>
    </head>
    <body>
        <div class="main"></div>
            <div class="one">框1</div>
            <div class="two">框2</div>
            <div class="three">框3</div>
        </div>
    </body>
</html>
```

在首页轮播图区域中，大图片上安放了两个切换箭头图标，左边是左切换箭头，右边是右切换箭头。对于轮播 div 整体区域设置相对定位，然后对 2 个箭头设置绝对定位，并设置 z-index 属性为 10。

修改 musicSite.css，添加如下代码：

```
...
.broadcast{position: relative; width:1012px; height:385px;text-align:
center; line-height: 385px; margin-top: 5px;}
.nextimg {
    height: 330px;
    right: 0px;
    padding: 25px 10px 25px 10px;
    position: absolute;
    Top: 10%;
    margin-top: -40px;
    background: #000000;
    opacity: 0.3;
    border-radius: 5px;
    z-index: 10;
}
.preimg {
```

```
        height: 330px;
        left: 0px;
        padding: 25px 10px 25px 10px;
        position: absolute;
        top: 10%;
        margin-top: -40px;
        background: #000000;
        opacity: 0.3;
        border-radius: 5px;
        z-index: 10;
    }
    ...
```

修改 index.html，代码如下：

```
...
<div class="broadcast">
    <img src="img/lunbo1.jpg"/>
    <div class="nextimg">
        <img src="img/nextImg.png"/>
    </div>
    <div class="preimg">
        <img src="img/preImg.png"/>
    </div>
</div>
...
```

用浏览器打开 index.html，运行效果如图 6-5 所示。

图 6-5　添加切换箭头之后的首页轮播运行效果图

2．实现图片切换

在首页中，应用 jQuery 实现图片切换。jQuery 是一个高效、精简并且功能丰富的 JavaScript

工具库。它提供的 API 易于使用且兼容众多浏览器，提供了遍历操作、事件处理、动画等功能。使用 jQuery 实现轮播的操作如下。

①修改 index.html，在<head>区域导入 JQuery 库。

```
<!DOCTYPE html>
<html>
    <head>
        <meta charset="utf-8">
        <link href="css/musicSite.css" type="text/css"rel="stylesheet"/>
        <script type="text/javascript" src="js/jquery.min.js"></script>
    </head>
    <body>

    </body>
</html>
```

②导入 JQuery 操作库之后，需要在<head>区域内部植入特效脚本：

```
<!DOCTYPE html>
<html>
    <!DOCTYPE html>
<html>
    <head>
        <meta charset="utf-8">
        <title>首页头部区域布局</title>
        ...
        <script type="text/javascript" src="js/jquery.min.js"></script>
        <script type="text/javascript">
            $(function(){
                var i=0;
                $('.nextimg').click(function(){
                    i=i+1;
                    if(i<4){
                        if(i==1){
                            $('#lunbopic').attr('src','img/lunbo1.jpg');
                        }
                        if(i==2){
                            $('#lunbopic').attr('src','img/lunbo2.jpg');
                        }
                        if(i==3){
                            $('#lunbopic').attr('src','img/lunbo3.jpg');
                        }
                    }else{
                        i=0;
                        $('#lunbopic').attr('src','img/lunbo1.jpg');
                    }
```

```
        });
        $('.preimg').click(function(){
            i=i-1;
            if(i >0){
                if(i==1){
                    $('#lunbopic').attr('src','img/lunbo1.jpg');
                }
                if(i==2){
                    $('#lunbopic').attr('src','img/lunbo2.jpg');
                }
                if(i==3){
                    $('#lunbopic').attr('src','img/lunbo3.jpg');
                }
            }else{
                i=4;
                $('#lunbopic').attr('src','img/lunbo3.jpg');
            }
        });
    });
</script>
</head>
...
</body>
</html>
```

用浏览器打开index.html，单击向右的箭头，运行效果如图6-6所示。

图 6-6　轮播特效运行效果图

任务小结

在网页中，设置position属性实现网页定位。常用定位有绝对、相对和固定定位。position通常结合left、top和z-index属性实现定位。

应用jQuery是实现网页特效的一种最常用的手段，调用已设计好的JavaScript完成网页特效。

使用定位能实现一些效果的布局。

独立训练　制作"时空电影网"首页轮播特效

任务描述

首页轮播图是"时空电影网"首页特色之一，为了实现图片轮播效果，需要在轮播区域添加左右箭头，之后单击箭头可以动态切换图片，制作效果如图6-7所示。

图6-7　轮播特效效果图

任务分析

通过分析，美化"时空电影节"网页需要使用哪些网页基本标签？请填写下表。

实施准备

在 HBuilder 中打开已创建的 movieProject 项目，在项目中创建 task6-1 文件夹，把 task5-1 文件夹中的内容复制到该文件夹中。

任务实施

①完成"时空电影网"首页轮播特效需要完成哪些步骤？请填写下表。

②修改 index.html 文件，实现轮播特效。

强化训练

【任务1】"蓝梦音乐网"歌单网页能根据地区把歌单信息展示给用户。通过构思，我们设计了"蓝梦音乐网"歌单网页效果图，如图6-8所示。要求使用DIV+CSS技术予以实现。

图 6-8 "蓝梦音乐网"歌单网页效果图

【任务2】"蓝梦音乐网"排行榜能根据各门户网站对歌曲排行展示给用户。通过构思，设计了"蓝梦音乐网"排行榜网页效果图，如图6-9所示。要求使用DIV+CSS技术予以实现。

图 6-9 "蓝梦音乐网"排行榜网页效果图

单元练习

1．在HTML中，有哪几种定位模式？
2．在HTML中，实现定位通常需要设置哪些CSS属性？

单元 7

移动端网页制作

移动端网页是可以在移动终端设备上使用的网页。移动端设备品牌多样，大小不一，按照PC端网页固定像素的方式制作网页，在移动端将会出现页面混乱状况，为此，可以使用流式布局去设计布局，使用相对长度单位em设置字体，实现移动端网页中的文字和整体页面协调。使用@media媒体查询链接多个样式文件，实现页面一次开发，多个设备使用。

在本单元中，学生通过教师引导或在线学习完成移动端"蓝梦音乐网"首页，学会流式布局、em相对长度单位的使用方法和@media媒体查询语法。然后独立完成移动端电影节网页，巩固必备的知识与技能。

教学目标	☑ 学会使用流式布局 ☑ 学会使用 em 单位 ☑ 学会使用 @media 查询 ☑ 了解使用 viewport
教学模式	☑ 线上线下混合式教学 ☑ 理实一体教学
教学方法	☑ 示范教学法 ☑ 任务驱动法
课时建议	8 课时

引导训练 制作移动端"蓝梦音乐网"首页

任务描述

由于PC和智能手机以及iPad的分辨率不同，在PC端显示正常的网页，在智能手机或iPad上会出现不正常的显示。为了满足移动端设备的需求，需要开发基于移动端的"蓝梦音乐网"网站的网页。制作的网页效果如图7-1所示。

图 7-1 移动端"蓝梦音乐网"首页效果图

任务分析

从移动端"蓝梦音乐节"首页效果图看，网页页面能在不同智能手机设备上自动适应。根据分析，要完成本任务需要掌握如下内容：

➢ 移动网页的布局；

➢ @media查询；

➢ em相对长度单位。

实施准备

在HBuilder中打开已创建好的目录F:\musicProject，选择musicProject项目，并在项目中创建task7-1文件夹。本次引导训练所创建的文件都在该文件夹中创建。

任务实施

1. 设计移动端网页布局

由于智能手机和iPad等移动设备属于小屏幕设备，为了适应小屏幕设备，不能像PC端网页使用固定像素并且以内容居中的方式设计网页布局，而是要使用流式布局或弹性布局（本书只介绍流式布局）。

　　流式布局是一种等比例缩放的布局方式，在CSS代码中使用百分比来设置宽度，又称百分比自适应布局。流式布局实现方法是将CSS固定像素宽度换算为百分比宽度。

　　根据对蓝梦音乐网效果图的分析，设计的布局如图7-2所示。

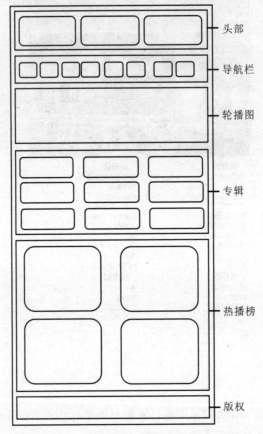

图 7-2 "蓝梦音乐网"首页布局图

2．设计移动端网页主体

　　由于移动端"蓝梦音乐网"首页采用流式布局，所以CSS中的宽度属性都使用百分比来设置。为此，创建网页主体选择器main，设置宽度属性值为100%。

　　在task7-1文件夹中创建css子文件夹，在该文件夹中创建mobile.css样式文件，在其中编写网页所需要的基本样式和main样式。编写代码如下：

```
/*清除浏览器中关于边距的默认样式*/
*{margin:0;padding:0;}                              /*设置页面字体样式*/
/*设置网页的字体*/
body{
    font-size:16px;
    font-family:"MicroSoft YaHei", sans-serif;     /*设备默认字体*/
}
```

```
/*设置超链接样式*/
a{color:#FFFFFF;text-decoration:none;}
a:hover{text-decoration:none;}
/*列表样式*/
ul{list-style:none;}
/*网页主体样式*/
.main{width:100%;margin:0 auto;}
```

在 task7-1 文件夹中创建 index.html 文件，应用样式，编写代码如下：

```
<!DOCTYPE html>
<html>
    <head>
        <meta charset="utf-8">
        <title>蓝梦音乐网首页</title>
        <link type="text/css" href="css/mobile.css" rel="stylesheet"/>
    </head>
    <body>
        <div class="main">
        </div>
    </body>
</html>
```

3. 制作移动端网页头部

在移动端"蓝梦音乐网"首页头部的广告、按钮区域都有文字，之前一直使用 px(pixel，像素)设置字体大小。用它设置字体大小时，会很稳定和精确。但是在制作移动端网页时，由于移动端设备大小不同，分辨率差别比较大，这样会使文字和整体页面不协调。为此，引进了 em 和 rem 作为长度单位。

em 是相对单位，相对于父级元素字体的尺寸。rem（root em）单位也是一个相对单位，是相对于根元素字体的尺寸，即 HTML 根元素的尺寸。任意浏览器的默认字体都是 16 px，如果没有设置浏览器字体的大小，则有 1 em=16 px，2 em=32 px。在此情况下 1 rem=16 px。

下面通过一个示例来说明 em 和 rem 的使用。代码如下：

```
<!DOCTYPE html>
<html>
    <head>
        <meta charset="utf-8">
        <style type="text/css">
            body{font-family:"microsoft yahei";font-size:16px;}
            .parent{font-size:2em;background-color:yellow;}
            .child{font-size:2em;background-color:greenyellow;}
            .rparent{font-size:2rem;background-color:yellow;}
            .rchild{font-size:2rem;background-color:greenyellow;}
        </style>
```

```
        <title></title>
    </head>
    <body>
        <h3>使用em设置字体</h3>
        <div class="parent">
            em父对象字体
            <div class="child">
                em子对象字体
            </div>
        </div>
        <h3>使用rem设置字体</h3>
        <div class="rparent">
            rem父对象字体
            <div class="rchild">
                rem子对象字体
            </div>
        </div>
    </body>
</html>
```

运行上述程序，效果如图7-3所示。

图 7-3　em、rem 设置的字体效果图

从页面展示的效果看，em是相对于父元素的长度单位，所以"em子对象字体"相对于"em父对象字体"又扩大了1倍。rem是相对于根元素的长度单位。所以"rem子对象字体"与"rem父对象字体"大小相同。

在移动端"蓝梦音乐网"首页中，网页头部（top）包含logo、广告（advertise）和搜索（search）三个区域，这三个区域在宽度上相对整个头部区域所占宽度的百分比依次为30%、30%和40%。针对广告文本、搜索文本框的高度、按钮的高度、搜索文本框字体大小、按钮的字体大小都设置为2em。

修改 mobile.css，添加代码如下：

```
...
/*头部区域*/
.top{width:100%;height:80px;}
.top>.logo{width:30%;height:100%;float:left;}
.top>.logo>img{width:100%;height:100%;}
.top>.advertise{width:30%;height:100%;float:left;color:rgb(40,148,40);
font-size:2em;text-align:center;}
.top>.search{width:40%;height:100%;float:right;}
.top>.search>form{width:100%;height:100%;}
.top>.search>form>#txtFind{height:2em; width:60%;font-size:2em;}
.top>.search>form>#btFind{height:2em;width:35%;font-size:2em;}
```

修改 index.html，添加代码如下：

```
...
<div class="main">
    <div class="top">
        <div class="logo">
            <img src="img/logo.png"/>
        </div>
        <div class="advertise">
                    听蓝梦音乐放飞好心情！
        </div>
        <div class="search">
            <form action="#">
                <input id="txtFind" type="text"/>
                <input id="btFind" type="button" value="查询"/>
            </form>
        </div>
    </div>
</div>
...
```

用谷歌浏览器打开该页面，单击鼠标左键，选择"检查"命令进入调试模式（按【F12】快捷键也可以进入该模式），单击右上角"切换设备工具栏"按钮进入移动端调试模式，选择不同的移动端设备，运行效果如图7-4所示。

4. 制作移动端网页导航栏

在移动端"蓝梦音乐网"首页中，导航栏中包含8个菜单项，创建导航区域样式选择器 nav，并使用无序列表实现导航菜单。

修改 mobile.css，添加代码如下：

```
...
/*导航区域*/
```

```
.nav{width:100%;height:50px;background-color:rgb(98,191,76);}
.nav>ul>li{float:left;display:block;width:12%;line-height:50px;
font-size:2em;font-weight:500;text-align:center;color:white;}
```

修改index.html，添加代码如下：

```
...
<div class="main">
    ...
    <div class="nav">
        <ul>
            <li><a href="#">首页</a></li>
            <li><a href="#">精选</a></li>
            <li><a href="#">排行榜</a></li>
            <li><a href="#">歌手</a></li>
            <li><a href="#">歌单</a></li>
            <li><a href="#">音乐节</a></li>
            <li><a href="#">登录</a></li>
            <li><a href="#">注册</a></li>
        </ul>
    </div>
</div>
...
```

用谷歌浏览器打开该页面，进入移动设备调试模式，运行效果如图7-5所示。

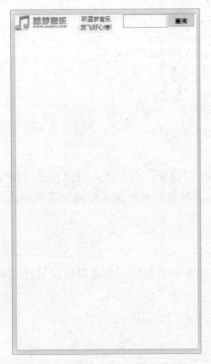

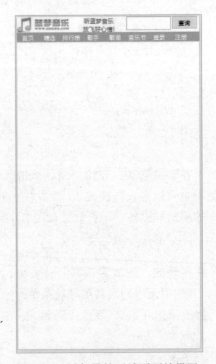

图 7-4　添加头部区域页面效果图　　　　图 7-5　添加导航区域页面效果图

5. 制作移动端网页轮播图

在移动端"蓝梦音乐网"首页中，创建轮播图选择器broadcast，并设置其样式及其子元素的样式。

修改mobile.css，添加代码如下：

```
...
/*轮播图*/
.broadcast{width:100%:385px;}
.broadcast>img{width:100%;height:100%;}
```

修改index.html，添加代码如下：

```
...
<div class="main">
    ...
    <div class="broadcast">
        <img src="img/lunbo1.jpg"/>
    </div>
</div>
...
```

用谷歌浏览器打开该页面，进入移动设备调试模式，运行效果如图7-6所示。

6. 制作移动端网页精选专辑部分

在移动端"蓝梦音乐网"首页中，创建精选专辑选择器select，设置其宽度为100%。根据移动端网页的布局图可知，在精选专辑栏每行显示3张图片，为此，创建了select的子选择器inside-img，设置其宽度为33%，左浮动等。

修改mobile.css，添加代码如下：

```
...
/*精选专辑*/
.select{width:100%; }
.select>.inside-img{width:33%;float:left;margin-left:2px;margin-top:5px;}
.select>.inside-img>img{width:100%;height:100%;}
```

修改index.html，添加代码如下：

```
...
<div class="main">
    ...
    <div class="select">
        <div class="inside-img">
          <img src="img/zj1.png"/>
        </div>
        <div class="inside-img">
          <img src="img/zj3.png"/>
```

```
        </div>
        <div class="inside-img">
          <img src="img/zj4.png"/>
        </div>
        <div class="inside-img">
          <img src="img/zj5.png"/>
        </div>
        <div class="inside-img">
          <img src="img/zj6.png"/>
        </div>
        <div class="inside-img">
          <img src="img/zj7.png"/>
        </div>
        <div class="inside-img">
          <img src="img/zj8.png"/>
        </div>
        <div class="inside-img">
          <img src="img/zj9.png"/>
        </div>
        <div class="inside-img">
          <img src="img/zj10.png"/>
        </div>
    </div>
</div>
...
```

用谷歌浏览器打开该页面，进入移动设备调试模式，运行效果如图7-7所示。

7．制作移动网页热播歌曲部分

在移动端"蓝梦音乐网"首页中，根据移动端网页的布局图可知，在热播歌曲栏中每行显示2个热播榜。为此，创建热播栏选择器hot，设置其宽度47%，左浮动等。创建hot的子元素选择器并设置它们的样式。

修改mobile.css，添加代码如下：

```
...
/*热播歌曲*/
.hot{width:47%;float:left;border:1px rgb(98,191,76)solid;margin-left:2%;
margin-top:5px;}
.hot>h3{font-size:2em;text-indent:1em;}
.hot>ul>li{ font-size:2em;line-height:2em;margin-left:20px }
```

图 7-6 添加轮播图页面效果图

图 7-7 添加精选专辑页面效果图

修改 index.html，添加代码如下：

```
...
<div class="main">
    ...
    <div class="hot">
        <h3>热播榜</h3>
        <ul>
            <li>桥边姑娘</li>
            <li>演员</li>
            <li>大鱼</li>
            <li>逆流成河</li>
            <li>爱在西元前</li>
            <li>忘记你我做不到</li>
            <li>记忆里的雪</li>
            <li>雅俗共赏</li>
            <li>下山</li>
            <li>我的爱</li>
        </ul>
    </div>
    <div class="hot">
```

```
        <h3>新曲榜</h3>
        <ul>
            <li>山河无恙在我胸</li>
            <li>拥抱春天</li>
            <li>silent night</li>
            <li>少年（童声版）</li>
            <li>Fight as One</li>
            <li>小情歌</li>
            <li>遇</li>
            <li>Over the sky</li>
            <li>稳住</li>
            <li>我的中国心</li>
        </ul>
    </div>
    <div class="hot">
        <h3>推荐榜</h3>
        <ul>
            <li>记忆力的雪</li>
            <li>听你</li>
            <li>共同战役</li>
            <li>有一种爱</li>
            <li>太多</li>
            <li>勇士的荣耀</li>
            <li>至少还有你爱我</li>
            <li>都说</li>
            <li>让我们荡起双桨</li>
            <li>红红火火</li>
        </ul>
    </div>
    <div class="hot">
        <h3>经典榜</h3>
        <ul>
            <li>狼</li>
            <li>灰姑娘</li>
            <li>恋恋风尘</li>
            <li>难念的经</li>
            <li>栀子花开</li>
            <li>我是一只小小鸟</li>
            <li>好汉歌</li>
            <li>涛声依旧</li>
            <li>小芳</li>
            <li>几度夕阳红</li>
        </ul>
    </div>
```

```
</div>
...
```

用谷歌浏览器打开该页面，进入移动设备调试模式，运行效果如图7-8所示。

8. 制作移动网页版权部分

在移动端"蓝梦音乐网"首页中，创建版权区域选择器copyright，并设置其宽度为100%，字体为2em，文本居中显示。

修改mobile.css，添加代码如下：

```
...
/*版权*/
.copyright{width:100%;font-size:2em;text-align:center;}
```

修改index.html，添加代码如下：

```
...
<div class="copyright">
    蓝梦音乐网有限公司版权所有   备案号：湘XXXXXXXXXXX
</div>
...
```

用谷歌浏览器打开该页面，进入移动设备调试模式，运行效果如图7-9所示。

图 7-8　添加热播榜页面效果图

图 7-9　添加版权页面效果图

9. 实现网页支持 PC 端和移动端

设计的移动端网页，如果没有进入移动设备调试模式，即以 PC 端模式显示，显示效果如图 7-10 所示。

图 7-10　移动端网页在 PC 端的显示效果

从效果图上可以看出，字体、图片都扩大了很多倍，页面失真严重。那么如何实现页面开发一次，而在移动端和 PC 端都能正常显示？使用 @media 媒体查询可以解决这个问题。

@media 媒体查询可以针对不同的媒体类型定义不同的样式，即在不同的设备条件下使用不同的样式。当用户访问设备时，会根据设备的类型显示对应设备的效果。

常见的媒体类型如表 7-1 所示。

表 7-1　常见的媒体类型

值	描　　　　述
all	适用于所有设备
print	用于打印机与打印预览
screen	用于计算机屏幕、平板电脑、智能手机
speech	应用于屏幕阅读器等发声设备

常见的媒体功能如表 7-2 所示。

表 7-2　常见的媒体功能

值	描　　述
aspect-ratio	定义输出设备中的页面可见区域宽度与高度的比率
color	定义输出设备每一组彩色原件的个数。如果不是彩色设备，则值等于 0
color-index	定义在输出设备的彩色查询表中的条目数。如果没有使用彩色查询表，则值等于 0
device-aspect-ratio	定义输出设备的屏幕可见宽度与高度的比率
device-height	定义输出设备的屏幕可见高度
device-width	定义输出设备的屏幕可见宽度
grid	用来查询输出设备是否使用栅格或点阵
height	定义输出设备中的页面可见区域高度
max-aspect-ratio	定义输出设备的屏幕可见宽度与高度的最大比率
max-color	定义输出设备每一组彩色原件的最大个数
max-color-index	定义在输出设备的彩色查询表中的最大条目数
max-device-aspect-ratio	定义输出设备的屏幕可见宽度与高度的最大比率
max-device-height	定义输出设备的屏幕可见的最大高度
max-device-width	定义输出设备的屏幕最大可见宽度
max-height	定义输出设备中的页面最大可见区域高度
max-monochrome	定义在一个单色框架缓冲区中每像素包含的最大单色原件个数
max-resolution	定义设备的最大分辨率
max-width	定义输出设备中的页面最大可见区域宽度
min-aspect-ratio	定义输出设备中的页面可见区域宽度与高度的最小比率
min-color	定义输出设备每一组彩色原件的最小个数
min-color-index	定义在输出设备的彩色查询表中的最小条目数
min-device-aspect-ratio	定义输出设备的屏幕可见宽度与高度的最小比率
min-device-width	定义输出设备的屏幕最小可见宽度
min-device-height	定义输出设备的屏幕的最小可见高度
min-height	定义输出设备中的页面最小可见区域高度
min-monochrome	定义在一个单色框架缓冲区中每像素包含的最小单色原件个数
min-resolution	定义设备的最小分辨率
min-width	定义输出设备中的页面最小可见区域宽度
monochrome	定义在一个单色框架缓冲区中每像素包含的单色原件个数。如果不是单色设备，则值等于 0

值	描　　　述
orientation	定义输出设备中的页面可见区域高度是否大于或等于宽度
resolution	定义设备的分辨率。如 96 dpi、300 dpi、118 dpi
scan	定义电视类设备的扫描工序
width	定义输出设备中的页面可见区域宽度

主流 iPhone 和 Android 独立设备屏幕大小如表 7-3 所示。

表 7-3　主流 iPhone 和 Android 独立设备屏幕大小

手机型号	屏幕大小	手机型号	屏幕大小
iPhone5	320×568	Galaxy S8/ Galaxy S8+	360×740
iPhone6/iPhone7/iPhone8	375×667	iPad	768×1 024
iPhone X	375×812	iPad Pro	1 024×1 366
OPPO FindX	360×585	Nexus 5X	411×731
Galaxy S7	360×640	Vivo X20	360×640

注意：在设置媒体的宽度和高度数据时，就是使用屏幕大小数据。

@media 媒体查询语法由媒体类型和媒体功能的条件表达式组成：

```
@media mediatype(媒体类型) and|not|only (media feature)){//样式}
```

下面通过一个示例来说明媒体查询语法的使用。代码如下：

```
<!DOCTYPE html>
<html lang="en">
<head>
    <meta charset="UTF-8">
    <meta name="viewport" content="user-scalable=no,width=device-
width,initial-scale=1.0,maximum-scale=1.0">
    <title>媒体查询</title>
    <style type="text/css">
        body {
            background-color:red;
        }
        @media screen and (min-width:320px){
            body {
                background-color:blue;
            }
        }
        @media screen and (min-width:414px){
            body {
```

```
                background-color:yellow;
            }
        }
        @media screen and (min-width:768px){
            body {
                background-color:grey;
                }
        }
        @media screen and (min-width:960px){
            body{
                background-color:pink;
            }
        }
    </style>
</head>
<body>
</body>
</html>
```

注：本案例用到了视口（viewport），该内容详见本单元"资料馆—视口"。

运行上述代码，进入移动端调试模式，选择不同的移动端设备，就会看到不同背景颜色，如图7-11所示。

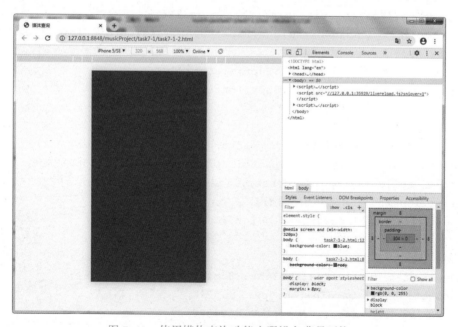

图 7-11　使用媒体查询功能实现设备背景更换

在实际开发中，通常会将媒体类型省略，此时媒体类型为screen。

在网页设计中，针对不同的媒体使用不同的CSS样式，可以使用如下代码：

```
<link rel="stylesheet" media="mediatype and|not|only (media feature)"
```

```
href="xx.css"/>
```

在"蓝梦音乐网"首页中，编写的页面既能被 PC 端显示，又能被移动端显示。为此，还需要创建 PC 端的样式文件，命名该样式文件名为 pc.css。

在 css 子文件夹中创建 pc.css，编写代码如下：

```
/*设置移动端浏览器外边距和填充边距的样式*/
*{margin:0; padding:0;}
/*设置页面字体样式*/
body{font-size:16px;font-family:"MicroSoft YaHei",sans-serif;
}
/*设置超链接样式*/
a{color:#FFFFFF;text-decoration:none;}
a:hover{text-decoration:none;}
/*设置列表样式*/
ul{list-style:none;}
/*整体窗口*/
.main{width:1012px;margin:0 auto;}
/*头部区域*/
.top{width:1012px; height:80px;}
.top.logo{width:300px; height:58px;float:left;margin-left:10px;
padding:10px;}
.top.advertise{width:300px;height:58px;float:left;margin-left:
10px; padding:10px;color:#62bf4c;font-size:18px;}
.top.search{width:300px;height:58px; float:left;margin-left:10px;
padding:10px;}
.top.search #txtFind{height:30px;width:220px;}
.top.search #btFind{height:35px;font-size:18px;}

/*使用列表制作导航*/
.nav{width:1012px;height:42px;background-color:#62bf4c;}
.nav>ul>li{float:left;margin-left:10px;height:42px; width:80px;
border:0px solid;text-align:center;line-height:42px;color:#FFFFFF;
font-size:18px;font-weight:bold;}
.nav>ul>li:hover{background-color:#CCCCCC}

/*轮播区域*/
.broadcast{width:1012px; height:385px;text-align:center;
line-height:385px; margin-top:5px;}
.broadcast>img{width:1000px; height:380px; }
/*精选专辑*/
.select{width:1012px; height:160px;}
.selectimg{width:130px; height:70px; float:left; margin-left:
10px; margin-top:5px;}
/*热播歌曲*/
```

```
.hot{float:left; border:1px rgb(98,191,76)solid; width:240px;
margin-left:10px; margin-top:5px;}
   .hot>h3{text-indent:30px;}
   .hot>ul>li{font-size:14px;line-height:20px;margin-left:20px}
   /*版权*/
   .copyright{width:1012px; height:40px; text-align:center;
line-height:40px;font-size:14px;}
```

为了实现"蓝梦音乐网"首页在移动端时链接移动端样式文件，即链接mobile.css；在PC端时链接PC端样式文件，即链接pc.css，需要设置媒体条件。从表7-3所知，目前移动端最大的屏幕为iPad Pro的屏幕，其屏幕大小为1 024×1 366。为此，可以设置max-device-width属性值为1024 px指定该样式文件仅应用于移动端网页。而对于PC端，最小的屏幕都要大于iPad Pro的最大屏幕，可以设置媒体功能中min-device-width属性值为1 025px指定该样式文件仅应用于PC端网页。

打开index.html文件，修改所需要链接的样式文件，修改代码如下：

```
...
<link rel="stylesheet" media="screen and(max-device-width:1024px)"
href="css/mobile.css"/>
   <link rel="stylesheet" media="screen and(min-device-width:1025px)"
href="css/pc.css"/>
   ...
```

用谷歌浏览器打开index.html，效果如图7-12所示。

图7-12 "蓝梦音乐网"首页在PC端的运行效果

视口

智能手机屏幕多种多样。不同的手机，其分辨率、屏幕宽高比都有所不同，以至于同一网页在不同手机中显示的位置和大小不同，即在视觉上存在差异。为此，需要对不同的手机屏幕进行适配，使相同的网页在不同的屏幕上显示的视觉效果一致。要实现这项功能，需要使用视口（viewport）。

视口是移动前端开发中一个非常重要的概念，最早是苹果公司推出 iPhone 时发明的，目的是让 iPhone 的小屏幕尽可能完整地显示整个网页。视口就是让网页开发者通过其大小，动态地设置其网页内容中控件元素的大小，从而使得在浏览器上实现和 Web 中相同的效果。现在绝大部分浏览器都支持对视口的控制。视口的使用语法格式如下：

```
<meta name="viewport" content="属性值">
```

viewport 属性值及相应描述如表 7-4 所示。

表 7-4 viewport 属性值及相应描述

值	描 述
width	设置 viewport 的宽度，可以是数值，或者是 width-device
initial-scale	页面的初始缩放值，可以是数字，可以是小数
minimum-scale	页面的最小缩放值，可以是数字，可以是小数
maximum-scale	页面的最大缩放值，可以是数字，可以是小数
height	设置 viewport 的高度
user-scalable	是否允许用户进行缩放，no 为不允许，yes 为允许

下面通过 1 个示例说明视口的使用，在 task7-1 文件夹中创建 task7-1-3.html，把 task5-2 文件夹中的 index.html 中代码复制到 task7-1-3.html 中，把 task5-2 的子文件夹 css 中 musicSite.css 复制到 task7-1 的 css 文件夹中。修改 task7-1-3.html 中，在 <head> 成对标签中加入如下代码：

```
<meta name="viewport" content="width=device-width;initial-scale=1.0,
minimum-scale=1.0,maxmum-scale=1.0">
```

用谷歌浏览器打开 task7-1-3.html，进入调试模式。运行效果如图 7-13 所示。

从上述运行效果可以看出，使用视口能显示"蓝梦音乐网"主页的部分页面，当用鼠标拖放页面时，就可以显示该页面的其他部分。

思考：当把关于视口的代码进行如下修改，可能会出现什么效果？

```
<meta name="viewport" content="width=device-width;initial-scale=1.0,
minimum-scale=0.8,user-scalable=yes">
```

图 7-13　使用视口显示"蓝梦音乐网"主页

任务小结

通过制作移动端"蓝梦音乐网"首页网页，学会了通过流式布局制作移动端网页。

流式布局是一种等比例缩放布局方式，在 CSS 代码中使用百分比来设置宽度。

移动设备大小不一，为了使移动端网页中的文字和整体页面协调，使用相对长度单位 em。

为了实现页面一次开发，多个设备使用，使用了 @media 媒体查询。可以通过设置媒体条件链接不同设备的样式文件。

制作移动网页的基本流程为：设计布局→按栏目添加网页内容。

独立训练　制作移动端"时空电影网"首页

任务描述

由于 PC 和智能手机以及 iPad 的分辨率不同，在 PC 端显示正常的网页，在智能手机或 iPad 上会出现不正常的显示。为了满足移动端设备的需求，需要开发基于移动端的"时空电影网"网站的网页。制作的网页效果如图 7-14 所示。

图 7-14 移动端"时空电影网"首页效果图

任务分析

通过分析,制作移动端"时空电影网"首页应使用什么布局?应如何设置字体?请填写下表。

实施准备

在 HBuilder 中打开已创建的 movieProject 项目，在项目中创建 task7-1 文件夹，本任务所需创建的文件都存在该文件夹中。

任务实施

①完成电影节网页需要哪些步骤？请填写下表。

②创建移动端主页文件，创建移动端样式文件，编写所需代码。

③为移动端主页创建 PC 端的样式文件，实现在不同设备中都能正常显示页面。

单元练习

1．设计移动端网页时常采用的页面布局方式有哪些？

2．em 和 rem 的区别有哪些？

3．@media 媒体查询的作用是什么？如何使用该功能？

4．视口的作用是什么？如何使用视口？

使用框架

使用框架，可以在同一个浏览器窗口中显示多个页面。

人们在浏览网页时，会遇到这种类型的导航，单击某个超链接后，要显示的子网页会显示在正浏览网页的某一位置，可以理解为一个界面能够同时浏览多个网页，而不必打开新网页。使用框架可以完成上述功能。使用框架可以提高开发网站的效率。

在本单元中，学生通过教师引导或在线学习制作"蓝梦音乐网"后台管理系统框架，学会HTML框架的使用，然后独立完成电影节网页，巩固必备的知识与技能。

教学目标	☑ 理解框架的概念 ☑ 学会框架的使用 ☑ 了解框架的类型 ☑ 学会框架属性的设置 ☑ 了解内联框架
教学模式	☑ 线上线下混合式教学 ☑ 理实一体教学
教学方法	☑ 示范教学法 ☑ 任务驱动法
课时建议	4课时

引导训练　制作"蓝梦音乐网"后台管理系统框架

任务描述

"蓝梦音乐网"后台管理系统主要完成网络前端数据的管理，为开发出该系统，可以用HTML中的框架完成系统的总体界面设计。运行效果如图8-1所示。

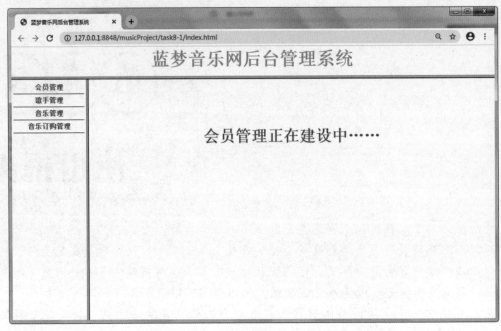

图 8-1 "蓝梦音乐网"后台管理系统框架

任务分析

从运行效果来看,"蓝梦音乐网"后台管理系统总体界面分成三部分,上部是系统的标题,下部左侧是系统的功能菜单,当单击菜单时,下部右侧显示对应菜单功能页面。根据分析,完成本任务需要掌握以下内容:

➢ 框架的概念;

➢ 框架分类;

➢ 框架属性。

实施准备

在 HBuilder 中打开已创建的 musicProject 项目,并在项目中创建 task8-1 文件夹。本次引导训练所创建的文件都在文件夹中创建。

任务实施

1. 创建框架

在 HTML 中,通过使用框架,可以在同一个浏览器窗口中显示多个页面,每个页面所占用的区域称为一个框架,每个框架都独立于其他框架。

使用框架的语法如下:

```
<frameset 属性>
    <frame 属性/>
    ...
```

```
</frameset>
```

<frameset>表示框架集标签，该标签常用属性如表 8-1 所示。

表 8-1　<frameset> 标签常用属性

属性	值	说 明
rows	pixels % *	定义框架集中列的数目和尺寸
cols	pixels % *	定义框架集中行的数目和尺寸
border	像素	设置框架集边框的宽度
bordercolor	rgb(x,x,x) #xxxxxx colorname	设置框架集边框的颜色

<frame>表示框架的标签，该标签的常用属性如表 8-2 所示。

表 8-2　<frame> 标签常用属性

属性	值	说 明
src	URL	设置框架 HTML 文件的访问路径
name	name	设置框架的名称
frameborder	0 1	设置框架的边框，其值只有 0 和 1，0 表示不要边框，1 表示显示边框
framespacing	像素	设置框架之间的空白距离
noresize	noresize	设置该参数，使用者不能改变框架中窗口的大小
scrolling	Yes No auto	设置是否要卷轴，YES 表示显示转轴，NO 不显示转轴，AUTO 根据实际需是否要显示转轴
marginheight	像素	定义框架的上方和下方的边距
marginwidth	像素	定义框架的左侧和右侧的边距

根据框架的结构划分，可分为水平框架、垂直框架和混合框架。这些框架的形状、对应的代码如表 8-3 所示。

表 8-3　框架的类型

框架名称	框架形状示例	代码示例	说明
水平框架		<frameset rows ="50%, 50%"> <frame src=URL name="top"/> <frame src=URL name="bottom"/> </frameset>	水平框架按照从上至下的方式划分窗口

续表

框架名称	框架形状示例	代码示例	说明

垂直框架		`<frameset cols ="50%, 50%">`
		`<frame src=URL name="left"/>`
		`<frame src=URL name="right"/>`
		`</frameset>`
			垂直框架按照从左至右的方式划分窗口

混合框架		`<frameset rows ="30%, 70%">`
		`  <frame src=URL name="top"/>`
		`<frameset rows ="30%, 70%">`
		`<frame src=URL name="left"/>`
		`<frame src=URL name="right"/>`
		`</frameset>`
		`</frameset>`
			混合框架既包含水平窗口，又包含垂直窗口。在实际设计应用中，主要使用该框架

　　<frameset>标签一般不与<body>标签同时使用，框架代码通常放在<head>的成对标签中。

注意

　　如果<frameset>标签中包含<noframe>标签，并且该标签中包含一段文本，则该文本要包含在<body>标签中。代码框架如下：

```
<frameset cols="25%,50%,25%">
    <frame src="#">
    <frame src="#">
    <noframes>
        <body>您的浏览器无法处理框架！</body>
    </noframes>
</frameset>
```

　　根据对"蓝梦音乐网"后台管理系统框架页面的分析，该页面应采用混合框架，该框架总体分成上下两部分，上下两部分所占的比例为"15%，85%"，下部再分成左右两部分，左右两部分所占比例为"20%，80%"，上部的窗口名为top，左右两部分的窗口名分别为left和right。为此，在task8-1文件夹中创建index.html文件，编写如下代码：

```
<!DOCTYPE html>
<html>
    <head>
        <meta charset="utf-8">
        <title>蓝梦音乐网后台管理系统</title>
        <frameset rows="15%, 85%">
```

```
            <frame src="#" name="top"/>
            <frameset cols="20%, 80%">
                <frame src="#" name="left"/>
                <frame src="#" name="right"/>
            </frameset>
        </frameset>
    </head>
</html>
```

2．制作框架中的响应页面

1）制作框架上部窗口页面

根据对"蓝梦音乐网"后台管理系统框架页面的分析，框架上部窗口就包含一行文字"蓝梦音乐网后台管理系统"。为此，在task8-1文件夹中创建top.html文件，编写如下代码：

```
<!DOCTYPE html>
<html>
    <head>
        <meta charset="utf-8">
        <style type="text/css">
            .top{width:100%;height:80px;color:#62BF4C;text-align:center;
font-size:80px;font-family:"宋体";font-weight:bold;}
        </style>
        <title></title>
    </head>
    <body>
        <div class="top">
            蓝梦音乐网后台管理系统
        </div>
    </body>
</html>
```

运行上述代码，效果如图8-2所示。

图 8-2　框架上部窗口页面效果图

2）制作功能页面

根据对"蓝梦音乐网"后台管理系统框架页面的分析，该管理系统包括了会员管理、歌手管理、音乐管理和音乐订购管理，由于没有讲解动态网页制作，所以显示一段提示文本的页面表示上述4个功能的页面。为此，在task8-1文件夹中创建vipcustormmgr.html（会员管理）、singermgr.html（歌手管理）、musicmgr.html（音乐管理）和ordermgr.html（音乐订阅管理）四个文件，编写如下代码：

① vipcustormmgr.html（会员管理）：

```
<!DOCTYPE html>
<html>
<head>
    <meta charset="utf-8">
    <title>会员管理</title>
    <style type="text/css">
        .title{width:100%;height:600px;font-size:70px;color:
royalblue;font-family:"宋体";font-weight:bold;text-align:
center;padding-top:200px;}
    </style>
</head>
<body>
    <div class="title">会员管理正在建设中……</div>
</body>
</html>
```

② singermgr.html（歌手管理）：

```
<!DOCTYPE html>
<html>
<head>
    <meta charset="utf-8">
    <title>歌手管理</title>
    <style type="text/css">
        .title{width:100%;height:600px;font-size:70px;color:
royalblue;font-family:"宋体";font-weight:bold;text-align:
center;padding-top:200px;}
    </style>
</head>
<body>
    <div class="title"><div class="title">歌手管理正在建设中……</div>
    </div>
</body>
</html>
```

③ musicmgr.html（音乐管理）：

```
<!DOCTYPE html>
<html>
<head>
    <meta charset="utf-8">
```

```
    <title>音乐管理</title>
    <style type="text/css">
        .title{width:100%;height:600px;font-size:70px;color:royal
blue;font-family:"宋体";font-weight:bold;text-align:center;padding-top:
200px;}
    </style>
</head>
<body>
    <div class="title"><div class="title">音乐管理正在建设中……</div>
    </div>
</body>
</html>
```

④ ordermgr.html（音乐订阅管理）：

```
<!DOCTYPE html>
<html>
<head>
    <meta charset="utf-8">
    <title>音乐管理</title>
    <style type="text/css">
        .title{width:100%;height:600px;font-size:70px;color:royal
blue;font-family:"宋体";font-weight:bold;text-align:center;
padding-top:200px;}
    </style>
</head>
<body>
    <div class="title"><div class="title">音乐订阅管理正在建设中……
    </div></div>
</body>
</html>
```

四个功能页面的运行效果图分别如图 8-3~图 8-6 所示。

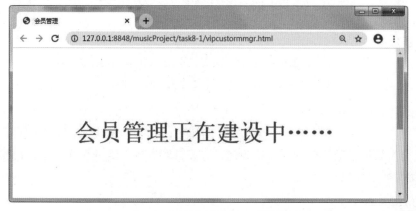

图 8-3 会员管理功能页面效果图

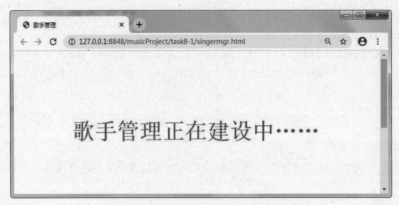

图 8-4　歌手管理功能页面效果图

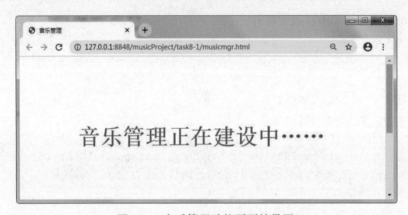

图 8-5　音乐管理功能页面效果图

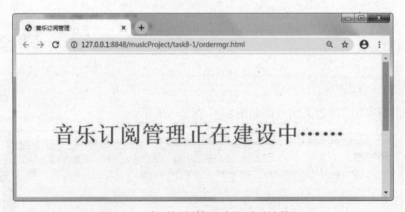

图 8-6　音乐订阅管理功能页面效果图

3）制作下部左侧菜单页面

根据对"蓝梦音乐网"后台管理系统框架页面的分析，下部左侧菜单页面包含四个菜单项，依次是会员管理、歌手管理、音乐管理、音乐订购管理。为此，在task8-1文件夹中创建left.html，编写如下代码：

```
<!DOCTYPE html>
<html>
```

```
<head>
    <meta charset="utf-8">
    <title></title>
    <style type="text/css">
        .main{width:100%;}
        .menu{width:100%;height:41px ;font-size:30px;font-family:
"宋体";font-weight:bold;color:grey;
        border-bottom:1px solid darkblue; padding-top:10px;padding-
bottom:3px;text-align:center;}
        a:link{color:gray;text-decoration:none;}
        a:hover{color:gray;text-decoration:none;}
        a:active{color:gray;text-decoration:none;}
        a:visited{color:gray;text-decoration:none;}
    </style>
</head>
<body>
    <div class="main">
        <div class="menu">
          <a href="vipcustormmgr.html" target="right">会员管理</a>
        </div>
        <div class="menu">
          <a href="singermgr.html" target="right">歌手管理</a>
        </div>
        <div class="menu">
          <a href="musicmgr.html" target="right">音乐管理</a>
        </div>
        <div class="menu">
          <a href="ordermgr.html" target="right">音乐订购管理</a>
        </div>
    </div>
</body>
</html>
```

运行上述代码，效果如图 8-7 所示。

图 8-7　下部左侧菜单页面运行效果图

3．完善框架页面

前面已设计好"蓝梦音乐网"后台管理系统框架，根据对"蓝梦音乐网"后台管理系统框架页面的分析，需要把已完成的响应页面存放在框架中，并实现当单击菜单时，在框架下部右侧窗口显示对应菜单的功能页面。为此，修改已创建的 index.html 文件。修改代码如下：

```
<!DOCTYPE html>
<html>
    <head>
        <meta charset="utf-8">
        <title>蓝梦音乐网后台管理系统</title>
        <frameset rows="15%, 85%">
            <frame src="top.html" name="top"/>
            <frameset cols="20%, 80%">
                <frame src="left.html" name="left"/>
                <frame src="vipcustommgr.html" name="right"/>
            </frameset>
        </frameset>
    </head>
</html>
```

运行上述代码，运行效果如图8-8所示。

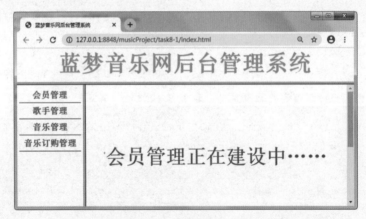

图 8-8　"蓝梦音乐网"后台管理系统框架运行效果图

使用框架制作网页有一定的优越性。由于使用框架的导航页面通常放在一个固定的页面上，当需要添加菜单项时，只需要修改导航页面即可，这样会提高网站更新维护的效率。

但使用框架制作网页又有一定的局限性。表现如下：

①使用框架的页面难以打印网页。一次打印所有框架不适合纸张的不同尺寸。用户通常必须右击所需的框架，然后选择适当的上下文菜单项。

②难以被搜索引擎检索。如果来自搜索引擎的用户位于另一个框架中，则他们可能无权访问导航元素。

所以，目前使用框架设计的网页越来越少。在HTML 5中不支持<frameset>、<frame>两个标签。

资料馆

内联框架

使用 <iframe> 标签能创建包含另外一个文档的内联框架。该框架的语法格式为：

<iframe src=URL width="xx" height="xx" frameborder="xx" name="xx">

下面通过一个示例来理解内联框架的使用。

```
<!DOCTYPE html>
  <html>
  <head>
    <meta charset="utf-8">
    <title>使用iframe框架</title>
</head>
<body>
     <iframe src="https://www.baidu.com" frameborder=1 name="insertFrame"
width="960px" height="600px"></iframe>
     <br/>
     <a href="http://www.google.cn" target="insertFrame">
进入谷歌网 </a>
  </body>
  </html>
```

运行上述代码，初始页面会在一个框架中显示百度主页（见图8-9），当单击"进入谷歌网"超链接时，框架中则显示谷歌主页，如图8-10所示。

图 8-9　初识页面框架中显示百度主页

图 8-10　单击超链接时框架中显示谷歌主页

任务小结

通过制作"蓝梦音乐网"后台管理系统框架首页网页，认识了设计框架的两个标签 `<frameset>` 和 `<frame>`，熟悉了框架的三种结构：水平框架、垂直框架和混合框架。

框架在网站更新维护时能提高效率。但也存在一定局限性，如难以打印页面和难以被搜索引擎检索，所以目前使用框架越来越少。

独立训练　制作"时空电影网"后台管理系统框架

任务描述

"时空电影网"后台管理系统主要完成网络前端数据的管理，为开发出该系统，可以用 HTML 中的框架完成系统的总体界面设计。总体界面分成三部分，上部是系统的标题，下部左侧是系统的菜单，当单击菜单时，会在下部右侧出现菜单对应的功能页面。运行效果图如图 8-11 所示。

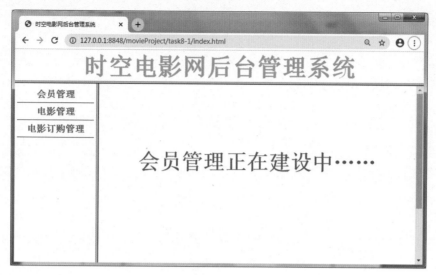

图 8-11 "时空电影网"后台管理系统框架

任务分析

通过分析，完成"时空电影网"后台管理系统框架的设计，应如何设计框架？请填写下表：

实施准备

在 HBuilder 中打开已创建的 movieProject 项目，在项目中创建 task8-1 文件夹。

任务实施

① "时空电影网"后台管理系统框架需要完成哪些步骤？请填写下表。

②制作"时空电影网"后台管理系统框架需要的所有页面。

单元练习

1．框架有哪几种结构？
2．框架中的name属性起什么作用，target属性起什么作用？

参考文献

[1]翁高飞，王敏.使用HTML设计商业网站[M].北京：清华大学出版社，2018.